# 电工电子技术基础

◎ 王燕锋 于宝琦 何平 主编
郭晓瑞 王玉玲 全立地 荀倩 副主编

清华大学出版社
北京

## 内 容 简 介

本书主要内容包括电路的基本概念和基本定律、电路的基本分析方法、正弦交流电路、一阶电路的暂态分析、磁路与变压器、三相异步电动机及其继电接触器控制系统、半导体二极管与三极管、基本放大电路、数字电路。本书突出基本概念的理解和掌握，简化公式推导过程，前后知识衔接紧密，表述深入浅出，通俗易懂，易于教学和自学。

本书可作为高等院校非电类工科专业的教材或教学参考书。

本书封面贴有清华大学出版社防伪标签，无标签者不得销售。
版权所有，侵权必究。举报：010-62782989，beiqinquan@tup.tsinghua.edu.cn。

**图书在版编目(CIP)数据**

电工电子技术基础/王燕锋，于宝琦，何平主编. —北京：清华大学出版社，2020.5(2022.8重印)
ISBN 978-7-302-54058-8

Ⅰ.①电… Ⅱ.①王… ②于… ③何… Ⅲ.①电工技术－高等学校－教材 ②电子技术－高等学校－教材 Ⅳ.①TM②TN

中国版本图书馆 CIP 数据核字(2019)第 241139 号

**责任编辑：** 王剑乔
**封面设计：** 刘　键
**责任校对：** 袁　芳
**责任印制：** 宋　林

出版发行：清华大学出版社
　　　网　　址：http://www.tup.com.cn，http://www.wqbook.com
　　　地　　址：北京清华大学学研大厦 A 座　　　邮　编：100084
　　　社 总 机：010-83470000　　　　　　　　　邮　购：010-62786544
　　　投稿与读者服务：010-62776969，c-service@tup.tsinghua.edu.cn
　　　质量反馈：010-62772015，zhiliang@tup.tsinghua.edu.cn
　　　课件下载：http://www.tup.com.cn，010-83470410
印 装 者：涿州市京南印刷厂
经　　销：全国新华书店
开　　本：185mm×260mm　　　印　张：12.75　　　字　数：303 千字
版　　次：2020 年 5 月第 1 版　　　　　　　　　印　次：2022 年 8 月第 2 次印刷
定　　价：49.00 元

产品编号：084269-01

# 前言 FOREWORD

"电工电子技术基础"是高等院校工科非电类专业的一门重要基础课,是理论性、专业性和应用性较强的课程。目前,电工电子技术应用领域十分广泛,学科发展非常迅速,在我国当前的经济建设中占有重要地位。

电工电子技术知识面广,理论丰富,有实际的工程背景。电工电子技术的主要任务是为学生学习专业课程打好理论基础。本书结合高等院校非电类专业的课程设置特点,注重电工与电子技术的基本概念、基本定律和基本分析方法的介绍,做到内容简明、易懂。本书主要内容包括电路的基本概念和基本定律、电路的基本分析方法、正弦交流电路、一阶电路的暂态分析、磁路与变压器、三相异步电动机及其继电接触器控制系统、半导体二极管与三极管、基本放大电路、数字电路。通过对本课程的学习,使学生了解和掌握直流电路和交流电路的基本原理、模拟电路及数字电路的基础理论,并在此基础上了解和掌握各种常见电路和相关电器在工程中的应用,培养学生独立思考、分析和解决实际问题的能力,为将来学生职业的发展奠定良好的基础。

本书可作为高等院校非电类工程专业的教材或教学参考书。

本书由湖州师范学院王燕锋、辽宁科技学院于宝琦、暨南大学何平担任主编,由湖州师范学院郭晓瑞、王玉玲、全立地、苟倩担任副主编。具体编写人员及章节分工如下:王燕锋负责全书的统稿并编写第5、6章,于宝琦编写第1、4、9章,何平编写第8章,郭晓瑞编写第2章,王玉玲编写第10章,全立地编写第7章,苟倩编写第3章,学生李婧负责部分资料的整理工作。

在本书的编写过程中,得到了清华大学出版社编辑的大力支持和帮助,在此表示真诚的感谢。本书参考和引用了许多业内同仁的优秀成果,在此对参考文献的作者表示衷心的感谢!

由于编者水平有限,书中难免有不妥之处,恳请广大读者批评、指正。

编 者
2020年1月

本书配套课件和习题答案(扫一扫可下载使用)

# 目 录 CONTENTS

第1章 电路的基本概念和基本定律 ································· 1
  1.1 电路的基本概念 ················································ 1
    1.1.1 电路的组成及作用 ····································· 1
    1.1.2 电路的基本物理量及其参考方向 ················· 1
    1.1.3 电路模型及理想电路元件 ··························· 3
    1.1.4 电路的工作状态 ······································· 5
    1.1.5 电位的概念与计算 ···································· 6
  1.2 电路的基本定律 ················································ 7
    1.2.1 欧姆定律 ················································· 7
    1.2.2 基尔霍夫定律 ·········································· 7
  习题 ································································ 9

第2章 电路的基本分析方法 ······································· 12
  2.1 电阻的串、并联及其等效变换 ···························· 12
  2.2 电压源和电流源及其等效变换 ···························· 13
  2.3 支路电流法 ····················································· 14
  2.4 叠加定理 ························································ 16
  2.5 戴维南定理 ····················································· 17
  习题 ································································ 18

第3章 正弦交流电路 ·················································· 21
  3.1 正弦交流电路的基本概念 ··································· 21
    3.1.1 正弦交流电的三要素 ································ 21
    3.1.2 正弦量的相量表示法 ································ 23
    3.1.3 单一参数电路元件的交流电路 ··················· 26
  3.2 正弦交流电路的分析 ········································· 29
    3.2.1 基尔霍夫定律的相量形式 ·························· 29
    3.2.2 阻抗（复阻抗） ········································ 30
    3.2.3 阻抗的串联和并联 ··································· 32
  3.3 电路的谐振 ····················································· 35
    3.3.1 串联谐振 ··············································· 35

  3.3.2 并联谐振 …………………………………………………………………… 36
3.4 交流电路的功率及功率因数 …………………………………………………………… 37
3.5 三相交流电路 …………………………………………………………………………… 39
  3.5.1 三相对称电源 ………………………………………………………………… 39
  3.5.2 三相电源的联结 ……………………………………………………………… 40
  3.5.3 三相电路中负载的联结 ……………………………………………………… 41
  3.5.4 三相电路的功率计算与测量 ………………………………………………… 43
习题 …………………………………………………………………………………………… 45

## 第 4 章 一阶电路的暂态分析 ……………………………………………………………… 50

4.1 暂态分析的基本概念及换路定律 ……………………………………………………… 50
  4.1.1 暂态分析的基本概念 ………………………………………………………… 50
  4.1.2 换路定律 ……………………………………………………………………… 51
4.2 一阶 RC 电路的暂态分析 ……………………………………………………………… 52
  4.2.1 RC 电路的零输入响应 ……………………………………………………… 52
  4.2.2 RC 电路的零状态响应 ……………………………………………………… 55
  4.2.3 RC 电路的全响应 …………………………………………………………… 57
4.3 一阶 RL 电路的暂态分析 ……………………………………………………………… 58
  4.3.1 RL 电路的零输入响应 ……………………………………………………… 58
  4.3.2 RL 电路的零状态响应 ……………………………………………………… 60
  4.3.3 RL 电路的全响应 …………………………………………………………… 61
4.4 一阶线性电路暂态分析的三要素法 …………………………………………………… 62
习题 …………………………………………………………………………………………… 63

## 第 5 章 磁路与变压器 …………………………………………………………………………… 66

5.1 磁场与磁路 ……………………………………………………………………………… 66
  5.1.1 磁场的基本概念 ……………………………………………………………… 66
  5.1.2 物质的磁性能 ………………………………………………………………… 67
  5.1.3 磁路的欧姆定律 ……………………………………………………………… 69
  5.1.4 交流铁心线圈电路 …………………………………………………………… 72
5.2 变压器的用途、分类及工作原理 ……………………………………………………… 74
  5.2.1 变压器的用途和分类 ………………………………………………………… 74
  5.2.2 变压器的工作原理 …………………………………………………………… 76
5.3 变压器的额定值与运行特性 …………………………………………………………… 78
  5.3.1 变压器的额定值 ……………………………………………………………… 78
  5.3.2 变压器的运行特性 …………………………………………………………… 79
  5.3.3 变压器绕组的极性 …………………………………………………………… 80
5.4 常用变压器 ……………………………………………………………………………… 81
  5.4.1 自耦变压器 …………………………………………………………………… 81
  5.4.2 三相电力变压器 ……………………………………………………………… 82
  5.4.3 仪用互感器 …………………………………………………………………… 83

习题 ·············· 85

## 第6章 三相异步电动机 ·············· 86
### 6.1 三相异步电动机的结构 ·············· 86
### 6.2 三相异步电动机的工作原理 ·············· 87
#### 6.2.1 旋转磁场 ·············· 88
#### 6.2.2 异步电动机的工作原理 ·············· 89
#### 6.2.3 转差率 ·············· 90
### 6.3 三相异步电动机的机械特性 ·············· 90
#### 6.3.1 三相异步电动机的转矩特性 ·············· 90
#### 6.3.2 三相异步电动机的机械特性 ·············· 91
### 6.4 三相异步电动机的起动 ·············· 92
### 6.5 三相异步电动机的调速 ·············· 93
### 6.6 三相异步电动机的制动 ·············· 95
### 6.7 三相异步电动机的额定值 ·············· 96
习题 ·············· 96

## 第7章 异步电动机的继电接触控制 ·············· 98
### 7.1 常用的低压控制电器 ·············· 98
### 7.2 三相异步电动机的基本控制电路 ·············· 104
#### 7.2.1 直接起动控制电路 ·············· 104
#### 7.2.2 正/反转控制 ·············· 105
#### 7.2.3 丫-△降压起动控制 ·············· 106
#### 7.2.4 行程控制 ·············· 107
### 7.3 可编程控制器 ·············· 108
#### 7.3.1 PLC的发展历程 ·············· 109
#### 7.3.2 PLC的结构 ·············· 109
#### 7.3.3 PLC的通信联网 ·············· 111
#### 7.3.4 PLC的工作原理 ·············· 111
#### 7.3.5 PLC的编程语言 ·············· 111
#### 7.3.6 PLC的主要应用场合 ·············· 112
习题 ·············· 113

## 第8章 半导体二极管与三极管 ·············· 115
### 8.1 半导体基础知识 ·············· 115
#### 8.1.1 半导体概念、特点 ·············· 115
#### 8.1.2 本征半导体 ·············· 115
#### 8.1.3 杂质半导体 ·············· 116
#### 8.1.4 PN结的形成及其单向导电性 ·············· 117
### 8.2 半导体二极管 ·············· 118
#### 8.2.1 半导体二极管的基本结构 ·············· 118

        8.2.2　二极管的伏安特性及主要参数 ································ 119
        8.2.3　二极管的应用 ···································· 120
　　8.3　半导体三极管 ········································· 121
        8.3.1　三极管的结构及类型 ································ 121
        8.3.2　三极管的电流放大作用 ······························· 122
        8.3.3　三极管在放大电路中的三种连接方式 ······················ 123
        8.3.4　三极管的伏安特性曲线 ······························· 123
        8.3.5　三极管的主要参数 ·································· 125
　　习题 ··················································· 126

## 第 9 章　基本放大电路 ······································· 128

　　9.1　基本放大电路的技术参数 ··································· 128
　　9.2　共发射极放大电路 ······································· 129
        9.2.1　共发射极基本放大电路组成 ···························· 129
        9.2.2　放大电路的工作状态 ································· 130
　　9.3　小信号模型分析法 ······································· 134
        9.3.1　三极管的小信号模型 ································· 135
        9.3.2　用小信号模型分析共发射极基本放大电路 ···················· 136
　　9.4　静态工作点的稳定 ······································· 139
        9.4.1　温度对工作点的影响 ································· 139
        9.4.2　稳定工作点的射极偏置电路 ···························· 140
　　9.5　射极输出器 ··········································· 142
        9.5.1　静态分析 ········································ 142
        9.5.2　动态分析 ········································ 142
　　9.6　多级放大电路 ········································· 146
　　习题 ··················································· 149

## 第 10 章　数字电路 ········································· 152

　　10.1　数字电路概述 ········································· 152
        10.1.1　数制 ·········································· 152
        10.1.2　逻辑运算和逻辑门 ································· 154
　　10.2　逻辑函数化简 ········································· 158
        10.2.1　逻辑代数化简 ···································· 158
        10.2.2　卡诺图化简 ····································· 159
　　10.3　集成逻辑门电路及其使用 ··································· 162
        10.3.1　集成逻辑门电路 ··································· 162
        10.3.2　逻辑门使用中的几个问题 ····························· 164
　　10.4　组合逻辑电路 ········································· 166
        10.4.1　组合逻辑电路分析 ································· 166
        10.4.2　组合逻辑电路设计 ································· 167
        10.4.3　常用典型的组合逻辑电路 ····························· 168

10.5　时序逻辑电路 …………………………………………………………… 176
　　　　10.5.1　触发器 ……………………………………………………………… 177
　　　　10.5.2　时序逻辑电路分析 ………………………………………………… 181
　　　　10.5.3　常用典型时序逻辑电路 …………………………………………… 183
　习题 ……………………………………………………………………………………… 188

**参考文献**……………………………………………………………………………………… 192

# 第1章 电路的基本概念和基本定律

本章是电工电子技术课程的重要基础,所介绍的基本概念和基本定律不仅适用于直流电路,而且适用于(或稍加扩展后适用于)交流电路。本章主要介绍电路的基本概念、电路的基本物理量及其参考方向和电路的基本定律等内容。

## 1.1 电路的基本概念

### 1.1.1 电路的组成及作用

电路就是将各种电气元件或装置按一定的方式组合起来提供电流的通路,一个完整的电路是由电源、负载、中间环节三个部分按一定方式组成的。

在一个简单照明电路中,如图1-1所示。干电池是电源,它是把非电能转化为电能的装置;灯泡是负载,其作用是将电能转换为其他形式的能量——热能和光能;导线和开关为中间环节,是连接电源和负载的部分,起传递、分配和控制电能的作用。

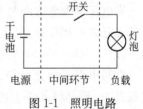

图1-1 照明电路

一般常把负载和中间环节组成的电路称为外电路,而把电源内部的电路称为内电路。

电路按其功能可分为两类:一类是电力电路,实现电能的传输、分配和转换;另一类是信号电路,实现信号的传递和处理。

### 1.1.2 电路的基本物理量及其参考方向

**1. 电流**

带电粒子的定向运动形成电流。

1) 电流强度

单位时间内通过导体横截面的电荷量定义为电流强度,简称为电流,用字母 $i$(或 $I$)表示。

若电流不随时间变化,电流用大写字母 $I$ 表示;若电流随时间变化,电流用小写字母 $i$ 表示。

在国际单位制(SI)中,电流强度的单位是安培,简称安,用符号 A 表示。计量微小的电流时,还可以用毫安(mA)、微安($\mu$A)为单位。它们之间的换算关系是 $1A=10^3 mA=10^6 \mu A$。

2) 电流的方向

习惯上规定正电荷运动的方向或负电荷运动的相反方向为电流的流向,称其为电流的实际方向,在电路中用虚线箭头表示。

在对电路进行分析与计算时,常任意选定某一方向作为电流的参考方向,也称为正方向,在电路中用实线箭头表示。

若电流的实际方向与参考方向一致,则电流为正值,即 $I$(或 $i$)$>0$;若电流的实际方向与其参考方向相反,则电流为负值即 $I$(或 $i$)$<0$。这样,在选定了参考方向之后,电流值的正负就可以反映出电流的实际方

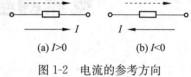

图 1-2 电流的参考方向

向。图 1-2(a)表示电流的实际流向与参考方向相同;图 1-2(b)表示电流的实际流向与参考方向相反。

电路图上所标出的电流方向,如果没有特别说明,一般指的是参考方向。

**2. 电压**

电场力把单位正电荷从电场中的 $a$ 点移到 $b$ 点所做的功称为 $a$、$b$ 间电压,用 $u_{ab}$(或 $U_{ab}$)表示。

在 SI 中,电压的单位为伏特,简称伏,用字母 V 表示。换算关系如下:

$$1\text{kV}(千伏)=10^3\text{V}; \quad 1\text{V}=10^3\text{mV}(毫伏)=10^6\mu\text{V}(微伏)$$

电压的实际方向为电位降低的方向,在电路中用虚线箭头表示,也可以用极性"(+)""(-)"表示;参考方向既可以用实线箭头表示,也可以用极性"+""-"表示,还可以用双下标表示,如 $U_{ab}$。

当电压的参考方向与其实际方向一致时,电压为正值 $U$(或 $u$)$>0$;当电压的参考方向与其实际方向相反时,电压为负值 $U$(或 $u$)$<0$。图 1-3(a)表示电压的实际极性与参考极性相同;图 1-3(b)表示电压的实际极性与参考极性相反。

在对电路进行分析和计算时,原则上电压和电流参考方向的指定是任意的。但为了方便起见,一般都将元件上电压和电流的参考方向取为一致,这种参考方向称为关联参考方向;否则为非关联参考方向,如图 1-4 所示。

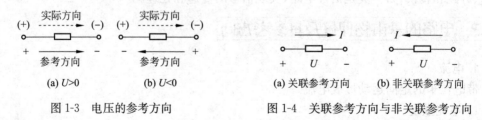

图 1-3 电压的参考方向　　图 1-4 关联参考方向与非关联参考方向

**3. 电动势**

非电场力把单位正电荷在电源内部由低电位端移到高电位端所做的功,称为电动势,用字母 $e$(或 $E$)表示。

电动势的实际方向在电源内部由低电位指向高电位,其单位与电压的单位相同。

电压 $U_{ab}$ 是电场力把单位正电荷从外电路 $a$ 点移到 $b$ 点所做的功,由高电位指向低电位。电动势 $E_{ba}$ 是非电场力在电源内部把单位正电荷从 $b$ 点移到 $a$ 点克服电场力所做的

功,其方向由低电位指向高电位,如图 1-5 所示。

#### 4. 电功率

电能量对时间的变化率,也就是电场力在单位时间内所做的功,称为功率,用字母 $P$ 表示。对于直流电路,电源功率 $P_S$ 表示电源在单位时间内输出的电能,电源功率等于电源电动势与通过电源的电流的乘积;负载的功率 $P$ 代表负载在单位时间内消耗的

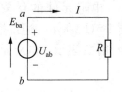

图 1-5　电压与电动势

电能,负载功率等于负载上的电压降与通过负载的电流的乘积。在一个电路中,电源产生的功率与负载、导线以及电源内阻上消耗的功率遵守能量守恒定律。

功率的单位是瓦特,简称瓦,用字母 W 表示。换算关系如下:
$$1\text{kW}(千瓦)=10^3\text{W}; \quad 1\text{W}=10^3\text{mW}(毫瓦)$$

电流在一段时间内所做的功,称为电能。电能的单位是焦耳,用 J 表示,换算关系为 $1\text{J}=1\text{W}\times1\text{s}=1\text{W}\cdot\text{s}$。

1 度电就是功率为 1 千瓦的负载,在 1 小时内消耗的电能,即 1 千瓦·时($1\text{kW}\cdot\text{h}$)。

在电路分析中,不仅需要计算元件(或某部分电路)功率的大小,有时还要判断该元件(或某部分电路)是产生功率还是消耗功率。根据电压和电流的实际方向可以确定电路元件的功率性质如下。

当 $U$ 和 $I$ 的实际方向相同,即电流从"+"端流入,从"−"端流出,则该元件(或某部分电路)是消耗(取用)功率,属负载性质。

当 $U$ 和 $I$ 的实际方向相反,即电流从"+"端流出,从"−"端流入,则该元件(或某部分电路)是输出(提供)功率,属电源性质。

### 1.1.3　电路模型及理想电路元件

由理想电路元件构成的电路称为电路模型。基本的理想电路元件有理想电阻元件、理想电感元件、理想电容元件、理想电压源和理想电流源五种。电阻元件、电感元件、电容元件具有负载性质。电压源的特点是具有恒定的电动势,能输出恒定的电压,其端电压不随输出电流而变化;电流源的特点是输出恒定的电流,其电流不随输出电压而变化。

#### 1. 电阻元件

电阻元件一般用来表示实际电路中的耗能元件,其图形符号如图 1-6(a)所示。

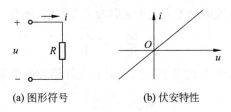

图 1-6　电阻元件的图形符号及伏安特性

元件端电压和流过的电流之间的关系称为元件的伏安特性。在关联参考方向下,电阻元件的伏安特性为

$$u=Ri \tag{1-1}$$

电阻元件的伏安特性是一条过原点的直线,直线的斜率与电阻 $R$ 成正比,如图 1-6(b)所示。通常把伏安特性为直线的电阻称为线性电阻。在 SI 中,电阻的单位是欧姆,用 $\Omega$ 表示。电阻元件消耗的功率为

$$P = ui = Ri^2 = \frac{u^2}{R} \tag{1-2}$$

### 2. 电感元件

电感元件是从实际电感线圈抽象出来的理想化模型。当电感线圈中通过电流后,将产生磁通,在其内部及周围建立磁场,储存能量。根据电磁感应定律,有

$$u = -e_\mathrm{L} = L\frac{\mathrm{d}i}{\mathrm{d}t} \tag{1-3}$$

电感元件两端的电压与电流对时间的变化率成正比,比率系数 $L$ 为自感(系数)或电感。线性电感元件的图形符号如图 1-7 所示。

当电感元件中流过直流电流时,电感元件相当于短路。在 SI 中,电感的单位是亨利,简称亨,用 H 表示。

电感元件中储存的磁场能量为

$$W_\mathrm{L} = \frac{1}{2}Li^2 \tag{1-4}$$

### 3. 电容元件

电容元件是从实际电容器中抽象出来的理想化模型。电容元件的图形符号如图 1-8 所示。

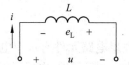
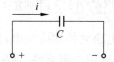

图 1-7　电感元件的图形符号　　　　图 1-8　电容元件的图形符号

电容器极板上储存的电量 $q$ 与两端的电压 $u$ 之间的关系为

$$q = Cu \tag{1-5}$$

比例系数 $C$ 称为电容。在 SI 中,电容的单位是法拉,简称法,用 F 表示,换算关系为 $1\mathrm{F}=10^6\mu\mathrm{F}=10^{12}\mathrm{pF}$。当电压、电流的参考方向为关联参考方向时,则有

$$i = \frac{\mathrm{d}q}{\mathrm{d}t} = C\frac{\mathrm{d}u}{\mathrm{d}t} \tag{1-6}$$

当电压为直流电压时,电容相当于开路。电容元件储存的能量为

$$W_\mathrm{C} = \frac{1}{2}Cu^2 \tag{1-7}$$

### 4. 理想电压源

无论流过多大电流,都能提供恒定电压的电路元件称为理想电压源,简称电压源。它相当于一个只产生电压 $U_\mathrm{S}$ 而没有内部能量损耗的电源。理想电压源的图形符号及伏安特性曲线如图 1-9 所示,其伏安特性曲线为一条平行电流轴的直线。

理想电压源实际上并不存在,但如果电压源的内阻远小于负载电阻,则其端电压基本恒定,就可忽略内阻的影响,认为是一个理想电压源。

若电流流过电压源时,是从低电位流向高电位,则电压源向外提供电能;若电流流过电压源时,从高电位流向低电位,则电压源吸收电能,作为负载来用,如电池被充电。

#### 5. 理想电流源

在电路中,无论其端电压是多少,都能提供恒定电流的电路元件称为理想电流源,简称电流源。至于它的端电压 $U$,则由与之相连接的外电路决定。理想电流源图形符号及伏安特性曲线如图 1-10 所示,其伏安特性曲线为一条平行电压轴的直线。

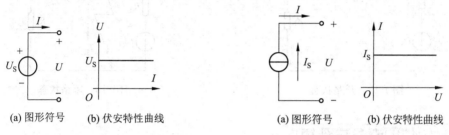

图 1-9　理想电压源的图形符号及伏安特性曲线　　图 1-10　理想电流源的图形符号及伏安特性曲线

理想电流源实际上也不存在,但如果电流源的内阻远大于负载电阻,则其电流基本恒定,就可认为是理想电流源。电流源既可以对外电路提供能量,也可以从外电路接收能量,视其端电压的极性而定。

### 1.1.4　电路的工作状态

电路分有载、开路和短路三种基本工作状态。

#### 1. 有载工作状态

在图 1-11 所示电路中,当开关 S 闭合后,电源与负载接通,有电流流过负载 $R_L$,这种状态称为电路的有载工作状态,或称之为负载状态。流过电阻 $R_L$ 的电流、电阻 $R_L$ 两端的电压及电阻 $R_L$ 消耗的功率分别如下:

$$I = \frac{U_S}{R_0 + R_L}$$

$$U = IR_L = U_S - IR_0$$

$$P = UI = I^2 R_L$$

式中:$R_0$ 为电源的内阻。

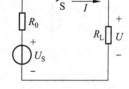

图 1-11　有载工作状态

#### 2. 开路状态

开路状态又称为断路状态或空载状态。在图 1-12 所示电路中,当开关 S 打开时,电路处于开路状态。开路时外电路的电阻对电源来说等于无穷大,电路中的电流等于零。电源的端电压称为开路电压或空载电压,在数值上等于电源的电压,用 $U_{OC}$ 表示,即 $U_{OC} = U_S$。电路不输出功率,即 $P = 0$。

### 3. 短路状态

如果由于某种原因使电源的两端直接连接在一起,则称电源被短路,如图 1-13 所示。此时的电流称为短路电流,用 $I_{SC}$ 表示,即 $I_{SC}=\dfrac{U_S}{R_0}$。电源短路时,负载的端电压 $U=0$。电源对外输出的功率和负载所吸收的功率均为零,电源产生的功率 $P_S$ 全部消耗在内阻上,即 $P_S=U_S I_{SC}=R_S I_{SC}^2$。短路通常是一种严重的事故状态,应该尽力预防和避免。

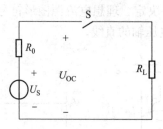
图 1-12 开路状态

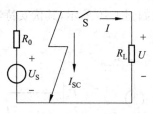
图 1-13 短路状态

## 1.1.5 电位的概念与计算

电位是度量电路中各点所具有的电位能大小的物理量,它必须是相对于某个特定的参考点而言的。某点的电位在数值上等于电场力将单位正电荷从该点移到参考点所做的功。

参考点的电位值一般设为零,因此也称为零电位点。

电路中任意一点的电位就是该点与参考点之间的电压,而电路中任意两点之间的电压则等于这两点的电位之差。

零电位参考点可以任意选定,它只是作为一个电位比较标准。在电路图中用"⊥"符号表示。在工程上,把大地作为零电位参考点;在电子技术上,以机壳或导线汇交点作为零电位参考点。

以图 1-14 所示的电路为例来讨论电路中各点的电位。

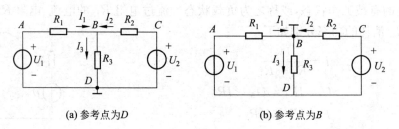

(a) 参考点为 $D$      (b) 参考点为 $B$

图 1-14 电位举例

设 $U_1=30\text{V}, U_2=40\text{V}, R_1=10\Omega, R_2=20\Omega, R_3=10\Omega, I_1=1\text{A}, I_2=1\text{A}, I_3=2\text{A}$。若将 $D$ 点设为参考点[见图 1-14(a)],则各点的电位值

$$V_D=0\text{V} \qquad V_A=U_1=30\text{V}$$
$$V_B=I_3 R_3=20\text{V} \qquad V_C=U_2=40\text{V}$$

若将 $B$ 点作为参考点[见图 1-14(b)],则各点的电位值

$$V_B = 0\text{V} \qquad V_A = I_1 R_1 = 10\text{V}$$
$$V_C = I_2 R_2 = 20\text{V} \qquad V_D = -I_3 R_3 = -20\text{V}$$

选择不同的参考点,各点的电位值变了,但任意两点间的电压是不变的。综上所述,可得出以下两点结论。

(1) 电路中某一点的电位等于该点与参考点(零电位点)之间的电压。

(2) 参考点选得不同,电路中各点的电位值不同,但是任意两点间的电压是不变的。所以各点电位的高低是相对的,而两点间的电压是绝对的。

## 1.2 电路的基本定律

### 1.2.1 欧姆定律

流过电阻的电流与电阻两端的电压成正比,这就是欧姆定律。当电压和电流为关联参考方向时,如图 1-15 所示,电路的欧姆定律表达式为

$$U = IR \tag{1-8}$$

图 1-15 电压与电流之间的关系

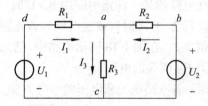

图 1-16 支路、节点、回路和网孔

### 1.2.2 基尔霍夫定律

基尔霍夫定律包含两条定律:一条是研究电路中相关支路电流之间关系的基尔霍夫电流定律;另一条是研究电路中各支路电压之间关系的基尔霍夫电压定律。下面先介绍几个基本概念。

(1) 支路:电路中的每一分支称为支路,一条支路流过同一个电流。如图 1-16 中的三条支路,即 $adc$、$ac$ 和 $abc$。

(2) 节点:电路中三条或三条以上的支路相连接点称为节点。在图 1-16 中共有两个节点,即 $a$ 和 $c$。

(3) 回路:由一条或多条支路所组成的闭合路径称为回路。在图 1-16 中共有三个回路,即 $abca$、$acda$ 和 $abcda$。

(4) 网孔:未被其他支路分割的回路称为网孔。在图 1-16 所示电路中共有两个网孔,即 $abca$、$acda$。

#### 1. 基尔霍夫电流定律(KCL)

基尔霍夫电流定律指出:在任一瞬间,对于任一节点,流入节点的电流之和必定等于流出该节点的电流之和,用数学表达式表示为

$$I_\text{入} = I_\text{出} \tag{1-9}$$

基尔霍夫电流定律又可表述为:在任一瞬间,流入任一个节点电流的代数和恒等于零,即

$$\sum I = 0 \tag{1-10}$$

这里的代数和是按照事先规定的电流方向决定的,例如,若流入节点的电流取"+",则流出节点的电流取"-"。基尔霍夫电流定律也可以推广应用于电路中任何一个假定的闭合面,如图 1-17 所示。

在任一瞬间,通过任一闭合面的电流的代数和也恒等于零,即 $I_1 + I_2 + I_3 = 0$。

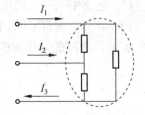

图 1-17  关于广义节点的 KCL

**2. 基尔霍夫电压定律(KVL)**

基尔霍夫电压定律指出:在电路中任何时刻,沿任一回路循行一周,所有支路的电压降的代数和等于零,用数学表达式表示为

$$\sum U = 0 \tag{1-11}$$

在电路的某一回路中应用 KVL 时,必须首先假定各支路的电压参考方向,并指定该回路的绕行方向(顺时针或逆时针),若支路电压与回路方向一致时取"+",相反时则取"-"。

**例 1-1**  在图 1-18 所示电路中,已知 $R_1 = 3\Omega, R_2 = 2\Omega, R_3 = 1\Omega, U_1 = 3V, U_3 = 1V$,试求电阻 $R_2$ 两端的电压 $U_2$。

**解:** 各支路电流和电压的参考方向如图 1-18 所示。根据欧姆定律和 KVL、KCL 有

$$\begin{cases} \text{回路 1:} -U_1 + R_1 I_1 + U_2 = 0 \\ \text{回路 2:} -U_2 + R_3 I_3 + U_3 = 0 \\ \text{节点 } a: I_1 - I_2 - I_3 = 0 \end{cases} \tag{1-12}$$

将各元件参数代入式(1-12),得

$$U_2 = R_2 I_2 = 0.818(\text{V})$$

基尔霍夫电压定律对于开口电路也同样适用,在列电压方程时,要注意开口处电压方向。

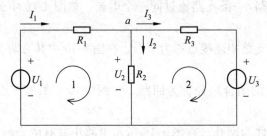

图 1-18  KCL 和 KVL 举例

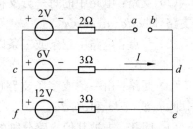

图 1-19  KVL 举例

**例 1-2**  试求图 1-19 所示电路的开口电压 $U_{ab}$。

**解:** 首先指定各回路的绕行方向均为逆时针,在回路 $cdef$ 中,根据 KVL,有 $6 + 3I + 3I - 12 = 0$,解得 $I = 1\text{A}$。在回路 $abdefca$ 中,根据 KVL,有 $2 + U_{ab} + 3I - 12 = 0$,解得

$U_{ab}=7V$。

基尔霍夫定律对由各种不同元件所构成的电路都是适用的。另外,这两个定律对于任何变动的电压和电流也同样适用。

## 习　　题

**1-1** 根据图 1-20 所示参考方向,判断元件是吸收还是发出功率,其功率各为多少。

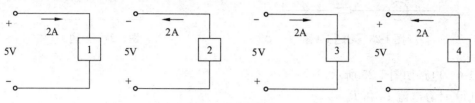

图 1-20　习题 1-1 图

**1-2** 各元件的条件如图 1-21 所示。
(1) 若元件 A 吸收功率为 10W,求 $I_a$。
(2) 若元件 B 产生功率为 $-10W$,求 $U_b$。
(3) 若元件 C 吸收功率为 $-10W$,求 $I_c$。
(4) 求元件 D 吸收的功率。

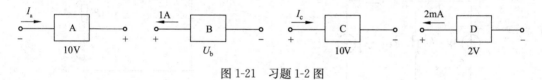

图 1-21　习题 1-2 图

**1-3** 求图 1-22 所示电路中的电压 $U_{ab}$。

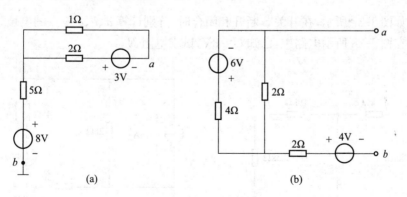

图 1-22　习题 1-3 图

**1-4** 求图 1-23 所示电路中的电压 $U_{ac}$、$U_{ab}$ 和电流 $I$。

**1-5** 电路如图 1-24 所示。
(1) 计算电流源的端电压。

(2) 计算电流源和电压源的电功率，指出是吸收还是提供电功率。

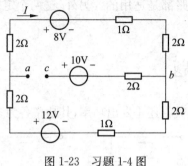

图 1-23　习题 1-4 图

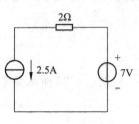

图 1-24　习题 1-5 图

**1-6** 电路如图 1-25 所示。

(1) 计算电流 $I_1$ 和 $I$。

(2) 计算电路中各元件的电功率，指出是吸收还是提供电功率。

**1-7** 在图 1-26 所示电路中，已知：$I_S=2A, U_S=12V, R_1=R_2=4\Omega, R_3=16\Omega$。分别求开关 S 断开和闭合后 $a$ 点电位 $V_a$。

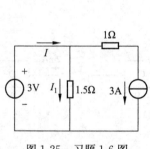

图 1-25　习题 1-6 图

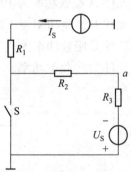

图 1-26　习题 1-7 图

**1-8** 如图 1-27 所示，在开关 S 断开和闭合时，分别计算 $a$、$b$、$c$ 三点的电位。

**1-9** 在图 1-28 所示电路中，已知 $U=3V$，试求电阻 $R$。

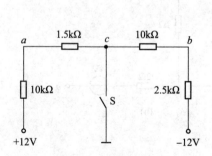

图 1-27　习题 1-8 图

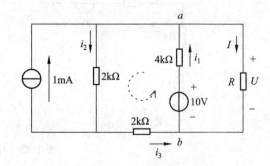

图 1-28　习题 1-9 图

**1-10** 在图 1-29 所示电路中，问 $R$ 为何值时，$I_1=I_2$？$R$ 又为何值时，$I_1$、$I_2$ 中一个电流为零，并指出哪一个电流为零？

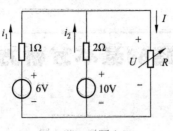

图 1-29 习题 1-10

# 第 2 章 电路的基本分析方法

本章介绍线性电路的一般方法及常用定理,具体包括电阻的串、并联及其等效变换、电源等效变换法、支路电流法、叠加原理、戴维南定理等内容。

## 2.1 电阻的串、并联及其等效变换

**1. 电阻的串联**

两个或多个电阻一个接一个地顺序相连,并且这些电阻中通过同一电流,这种连接方式称为电阻的串联,如图 2-1(a)所示。

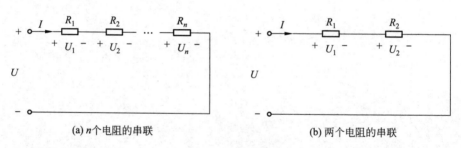

(a) $n$ 个电阻的串联　　　　　　　　(b) 两个电阻的串联

图 2-1　电阻的串联

$n$ 个电阻串联可以用一个等效电阻 $R$ 来代替,$R$ 又称为串联电路的总电阻,其大小等于各串联电阻之和,即

$$R = R_1 + R_2 + \cdots + R_n = \sum_{i=1}^{n} R_i \tag{2-1}$$

若只有两个电阻串联,如图 2-1(b)所示,则 $R_1$、$R_2$ 上分得的电压 $U_1$、$U_2$ 分别为

$$\begin{cases} U_1 = \dfrac{R_1}{R_1 + R_2} U \\ U_2 = \dfrac{R_2}{R_1 + R_2} U \end{cases} \tag{2-2}$$

**2. 电阻的并联**

两个或多个电阻连接在两个公共的节点之间,这样的连接方式称为电阻的并联。并联的各个电阻上受到同一电压作用,如图 2-2(a)所示。

并联时,总电阻(或等效电阻)的倒数等于各个电阻的倒数之和,即

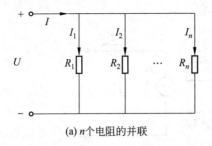
(a) n个电阻的并联

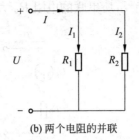
(b) 两个电阻的并联

图 2-2  电阻的并联

$$\frac{1}{R}=\frac{1}{R_1}+\frac{1}{R_2}+\cdots+\frac{1}{R_n}=\sum_{i=1}^{n}\frac{1}{R_i}=\sum_{i=1}^{n}G_i \tag{2-3}$$

电阻的倒数称为电导,用 $G$ 表示,单位为西门子,用字母 S 表示。

两个电阻并联时,如图 2-2(b) 所示,其等效电阻为

$$R=\frac{R_1 R_2}{R_1+R_2} \tag{2-4}$$

各支路的电流为

$$\begin{cases} I_1=\dfrac{R_2}{R_1+R_2}I \\ I_2=\dfrac{R_1}{R_1+R_2}I \end{cases} \tag{2-5}$$

## 2.2  电压源和电流源及其等效变换

理想电源元件有理想电压源和理想电流源两种,故实际电源的电路模型也有两种,即电压源模型和电流源模型。若两种电源模型等效,对外部电路来说,输出相同的电压 $U$ 和电流 $I$ 具有相同的外特性。

在电压源模型中,由

$$U=U_S-IR_0 \tag{2-6}$$

可得

$$I=\frac{U_S}{R_0}-\frac{U}{R_0} \tag{2-7}$$

在电流源模型中

$$I=I_S-\frac{U}{R_0} \tag{2-8}$$

若令 $I_S=U_S/R_0$,则式(2-6)和式(2-8)所示的两个方程完全相同,即电压源和电流源的外特性相同。

电压源模型与电流源模型是可以等效变换的,如图 2-3 所示。等效变换的条件是:

若已知电压源模型,则与其等效的电流源模型的电流 $I_S=U_S/R_0$,其参考方向由 $U_S$ 的负极指向正极,所并联的电阻 $R_0$ 大小不变。

若已知电流源模型,则与其等效的电压源模型的电源电压 $U_S=I_S R_0$,其参考方向与 $I_S$

的参考方向相反,所串联的电阻 $R_0$ 大小不变。

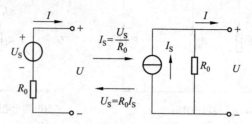

图 2-3 电压源和电流源的等效变换

在进行电源的等效变换时要注意的是:

(1) 电源模型的等效变换只是相对于外电路而言的,即相对于外电路等效,电源内部并不等效。

(2) 在进行等效变换时,两种电路模型的极性必须一致,即电流源流出电流的一端与电压源的正极性端相对应。

(3) 理想电压源和理想电流源之间不能进行等效变换。

**例 2-1** 试用电压源、电流源等效变换的方法求图 2-4(a)中的电流 $I$。

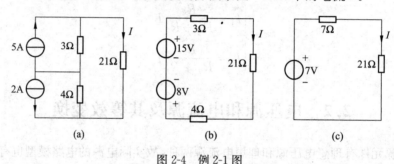

图 2-4 例 2-1 图

**解**:将图 2-4(a)中 5A、3Ω 的电流源以及 2A、4Ω 的电流源变换成电压源,得到图 2-4(b)。15V 和 8V 的电压源串联,合并后得到图 2-4(c),进而可得 $I = \dfrac{7}{7+21} = 0.25(\text{A})$。

## 2.3 支路电流法

支路电流法以支路电流为未知量,应用基尔霍夫电流定律(KCL)和基尔霍夫电压定律(KVL)分别对节点和回路列出所需的方程式,然后联立求解出各未知电流。

在图 2-5 所示电路中,

(1) 电路的支路数 $b=3$,支路电流有 $I_1$、$I_2$、$I_3$ 三个。

(2) 节点数 $n=2$,可列出 $2-1=1$(个)独立的 KCL 方程。

对于节点 $A$:$I_1 + I_2 - I_3 = 0$

(3) 独立的 KVL 方程数为 $3-(2-1)=2$(个)。

对于回路 1:$I_1 R_1 + I_3 R_3 = U_{S1}$

对于回路 2:$I_2 R_2 + I_3 R_3 = U_{S2}$

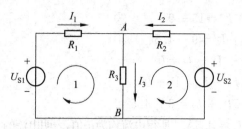

图 2-5 支路电流法求解未知电流

根据以上分析,可以总结出支路电流法的求解步骤如下。

(1) 确定电路的支路数,选定各支路电流的参考方向并标在电路图上。

(2) 利用 KCL 对节点列电流方程。若电路有 $n$ 个节点,则只能列出$(n-1)$个独立节点电流方程。

(3) 确定所需独立电压的方程数。若电路有 $b$ 条支路,则所需独立电压的方程数为 $b-(n-1)$个。

(4) 利用 KVL 列出$[b-(n-1)]$个独立电压方程式。为了使所列出的每一个方程都是独立的,应该使新选的回路中至少有一条支路是已选过的回路中未曾选过的新支路。一般情况下,网孔一定是独立的,且网孔数等于所需独立回路数。

(5) 解联立方程组,求出各支路电流。

**例 2-2** 电路如图 2-6 所示,已知 $U_{S1}=15V, R_1=15\Omega, U_{S2}=4.5V, R_2=1.5\Omega, U_{S3}=9V, R_3=1\Omega$,用支路电流法计算各支路电流。

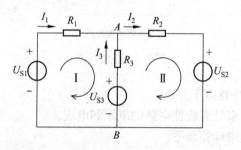

图 2-6 例 2-2 图

**解**:本题电路有 $n=2$ 个节点,$b=3$ 条支路,故有 3 个未知量。

假设各支路电流的参考方向如图 2-6 所示,电路中有两个节点 $A$、$B$,根据 KCL 列节点电流方程如下。

对于节点 $A$:$I_1+I_3-I_2=0$ ①
对于节点 $B$:$-I_1-I_3+I_2=0$ ②

观察以上列出的两个 KCL 方程,发现两个方程实际上是相同的,因此只能任取其中一个方程作为独立方程。因为有 3 个未知量,还需要列出两个独立方程才能求解电路。

选取两个网孔 Ⅰ、Ⅱ,并假定两个网孔的绕行方向为顺时针,根据 KVL 列出两个网孔的回路电压方程。

对于网孔 Ⅰ:$I_1R_1-I_3R_3=U_{S1}-U_{S3}$
对于网孔 Ⅱ:$I_2R_2+I_3R_3=U_{S3}-U_{S2}$

代入数据得　　$15I_1 - I_3 = 15 - 9$　　③
　　　　　　　$1.5I_2 + I_3 = 9 - 4.5$　　④

①、③、④式联立 $\begin{cases} I_1 + I_3 - I_2 = 0 \\ 15I_1 - I_3 = 15 - 9 \\ 1.5I_2 + I_3 = 9 - 4.5 \end{cases}$

解得 $I_1 = 0.5\text{A}, I_2 = 2\text{A}, I_3 = 1.5\text{A}$。所得电流均为正值，表明电流的实际方向和参考方向一致。

## 2.4　叠加定理

在线性电路中，任一支路电流（或电压）都是电路中各独立电源单独作用时在该支路产生的电流（或电压）的代数和。

下面以图 2-7 所示电路为例说明应用叠加原理分析线性电路的方法。在图 2-7(a)中，用叠加原理求电流 $I$ 和电压 $U$，当电压源单独作用时，电流源置零（即电流源作开路处理），如图 2-7(b)所示；当电流源单独作用时，电压源置零（即电压源作短路处理），如图 2-7(c)所示。那么，$I = I' + I''$，$U = U' + U''$。

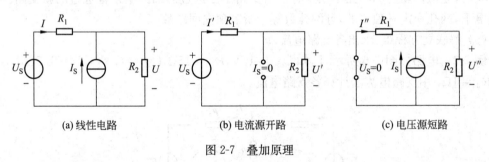

(a) 线性电路　　(b) 电流源开路　　(c) 电压源短路

图 2-7　叠加原理

使用叠加原理时，应注意以下几点。

(1) 叠加原理只能用来计算线性电路的电压和电流。

(2) 不能用叠加原理来计算功率。

(3) 应用叠加原理时对于不作用的电源要置零，即将电压源短路，电流源开路。但所有的电阻都要保留。

(4) 叠加时以原电路中电压和电流的参考方向为准。

**例 2-3**　用叠加原理求图 2-8(a)中的电流 $I$ 及电压 $U$。

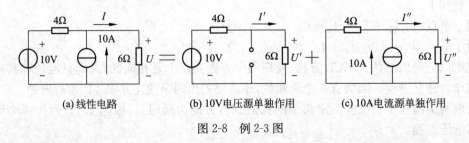

(a) 线性电路　　(b) 10V电压源单独作用　　(c) 10A电流源单独作用

图 2-8　例 2-3 图

**解**：先求电压源单独作用时所产生的电流和电压，将电流源所在支路开路，如图 2-8(b)

所示。由欧姆定律可得

$$I' = \frac{10}{4+6} = 1(\text{A}), \quad U' = 1 \times 6 = 6(\text{V})$$

再求电流源单独作用时所产生的电流和电压，将电压源所在支路短路，如图 2-8(c)所示。由分流公式可得

$$I'' = \frac{4}{4+6} \times 10 = 4(\text{A}), \quad U'' = 4 \times 6 = 24(\text{V})$$

将图 2-8(b)和图 2-8(c)叠加可得

$$I = I' + I'' = 1 + 4 = 5(\text{A})$$
$$U = U' + U'' = 6 + 24 = 30(\text{V})$$

## 2.5 戴维南定理

任何一个有源二端线性网络都可以用一个理想电压源和电阻串联组成的电压源模型来等效代替。其中理想电压源的电压 $U_S$ 就是有源二端网络的开路电压 $U_{OC}$；电阻 $R_0$ 等于有源二端网络中所有电源均置零(将各个理想电压源短路，各个理想电流源开路)后所得到的无源二端网络从端口看进去的等效电阻。戴维南定理可以用图 2-9 所示的电路表示。

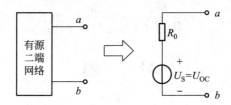

图 2-9　戴维南等效电源

有源二端网络就是具有两个出线端且内部含有电源的部分电路。若内部不含有电源，则称为无源二端网络。复杂电路由有源二端网络和待求支路组成。

有源二端网络等效变换为电压源模型后，一个复杂电路也就等效变换为一个单回路的简单电路，这样就可以直接应用欧姆定律来求出待求支路的电流或电压。应用戴维南定理的关键是如何求有源二端网络的开路电压 $U_{OC}$ 和电阻 $R_0$。

应用戴维南定理求解某一支路电流或电压的一般步骤如下。

(1) 将电路划分为待求支路和有源二端网络两部分，并将待求支路从电路中断开。

(2) 求出有源二端网络的开路电压 $U_{OC}$。

(3) 将有源二端网络中所有电源均置零(电压源短路，电流源开路)，得到一个无源二端网络，求出由端口看进去的等效电阻 $R_0$。

(4) 用等效电压源模型代替有源二端网络，并将待求支路接入，得到单一回路的简单电路，应用欧姆定律求出待求支路的电流或电压。

**例 2-4**　电路如图 2-10 所示，已知 $U_{S1} = 40\text{V}, U_{S2} = 20\text{V}, R_1 = R_2 = 4\Omega, R_3 = 13\Omega$，试用戴维南定理求电流 $I_3$。

**解**：断开待求支路后的有源二端网络如图 2-10(b)所示，得

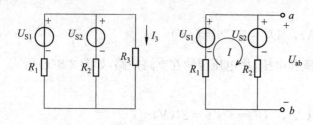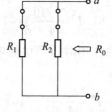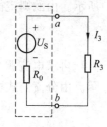

(a) 用戴维南定理求支路电流　　(b) 有源二端网络　　(c) 独立电源置零电路　　(d) 等效电路

图 2-10　例 2-4 图

$$I = \frac{U_{S1} - U_{S2}}{R_1 + R_2} = \frac{40 - 20}{4 + 4} = 2.5(\text{A})$$

$$U_{ab} = U_{S2} + IR_2 = U_{S1} - IR_1 = 30(\text{V})$$

将有源二端网络中的电压源 $U_{S1}$ 和 $U_{S2}$ 置零后的电路如图 2-10(c)所示。从 $a$、$b$ 两端看进去，$R_1$ 和 $R_2$ 并联，所以

$$R_0 = \frac{R_1 \times R_2}{R_1 + R_2} = \frac{4 \times 4}{4 + 4} = 2(\Omega)$$

有源二端网络的戴维南等效电路如图 2-10(d)虚线框内部分，得

$$I_3 = \frac{U_{ab}}{R_0 + R_3} = \frac{30}{2 + 13} = 2(\text{A})$$

## 习　题

**2-1**　在图 2-11 中，$R_1 = R_2 = R_3 = R_4 = 30\Omega$，$R_5 = 60\Omega$，试求开关 S 断开和闭合时 $A$ 和 $B$ 之间的等效电阻。

**2-2**　将图 2-12 所示的各电路化为一个电压源与一个电阻串联的组合。

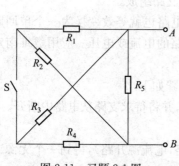

图 2-11　习题 2-1 图

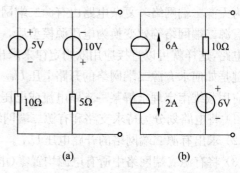

图 2-12　习题 2-2 图

**2-3**　将图 2-13 所示的各电路化为一个电流源与一个电阻并联的组合。

**2-4**　试求图 2-14 所示电路中的电流 $I$。

**2-5**　用电源等效变换法求图 2-15 所示电路中的电流 $I$。

**2-6**　电路如图 2-16 所示，试用支路电流法求出各支路电流。

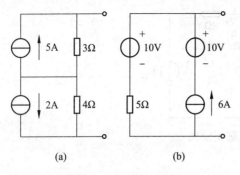

图 2-13 习题 2-3 图

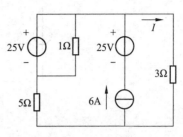

图 2-14 习题 2-4 图

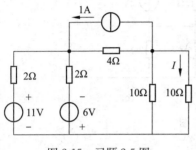

图 2-15 习题 2-5 图

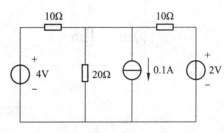

图 2-16 习题 2-6 图

**2-7** 在图 2-17 所示电路中,已知:$R_1=R_2=3\Omega,R_3=R_4=6\Omega,U_S=27$V,$I_S=3$A。用叠加定理求各未知支路电流。

**2-8** 电路如图 2-18 所示,试用叠加定理计算电流 $I$。

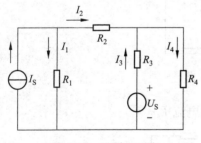

图 2-17 习题 2-7 图

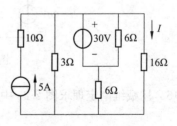

图 2-18 习题 2-8 图

**2-9** 电路如图 2-19 所示,已知 $U_S=7$V,$I_S=1$A,$R_1=1\Omega,R_2=5\Omega,R_3=6\Omega,R_4=3\Omega$。试用叠加定理计算 $R_1$ 支路的电流及其两端电压。

**2-10** 用戴维南定理计算图 2-18 所示电路中的电流 $I$。

**2-11** 用戴维南定理计算图 2-19 所示电路中 $R_1$ 支路的电流及其两端电压。

**2-12** 在图 2-20 所示电路中,已知:$U_{S1}=18$V,$U_{S2}=12$V,$I=4$A。用戴维南定理求电压源 $U_S$ 等于多少?

**2-13** 将图 2-21 所示的电路等效变换为戴维南等效电路。

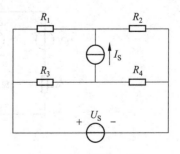

图 2-19 习题 2-9 图

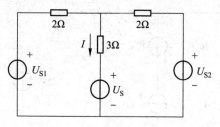

图 2-20　习题 2-12 图

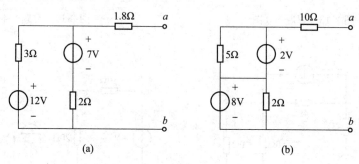

图 2-21　习题 2-13 图

**2-14**　用戴维南定理计算图 2-22 所示电路中的电流。

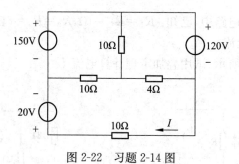

图 2-22　习题 2-14 图

**2-15**　用戴维南定理求图 2-23 中电阻 20Ω 上的电流 $I$。

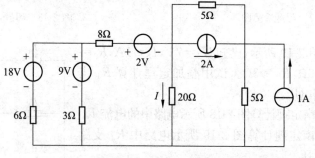

图 2-23　习题 2-15 图

# 正弦交流电路

正弦交流电广泛应用于工农业生产和居民生活中,因此正弦交流电路在电路分析中占有重要地位。本章介绍正弦交流电路的基本概念、正弦交流电路的基本表示方法、正弦交流电路的分析方法及三相交流电路等内容。

## 3.1 正弦交流电路的基本概念

### 3.1.1 正弦交流电的三要素

凡是随时间按正弦规律变化的电流和电压统称为正弦电量,或称为正弦交流电。正弦量可以表示为

$$\begin{cases} i = I_{\mathrm{m}}\sin(\omega t + \varphi_i) \\ u = U_{\mathrm{m}}\sin(\omega t + \varphi_u) \end{cases} \tag{3-1}$$

式中:$i$、$u$ 分别表示正弦交流电在任一时刻的电流电压值,称为瞬时值;$I_{\mathrm{m}}$、$U_{\mathrm{m}}$ 表示正弦量在变化过程中出现的最大瞬时值,称为最大值;$\omega$ 称为角频率;$\varphi_i$、$\varphi_u$ 称为初相位。

由其数学表达式可知,对于一个正弦电流 $i$,如果 $I_{\mathrm{m}}$、$\omega$ 和 $\varphi_i$ 已知,则它与时间 $t$ 的关系就是唯一确定的。因此,将 $I_{\mathrm{m}}$、$\omega$ 和 $\varphi_i$ 称为正弦交流电的三要素。正弦交流电的三要素是正弦电量之间进行比较和区分的依据。

下面逐一介绍正弦交流电的三要素及其他几个量。

**1. 周期、频率和角频率**

正弦交流电是时间的周期函数,其完整变化一次所需的时间称为周期,用字母 $T$ 表示,单位是秒(s)。正弦交流电每秒内变化的次数称为频率,用字母 $f$ 表示,单位是赫[兹](Hz)。

由上述定义可知,

$$T = \frac{1}{f} \tag{3-2}$$

由图 3-1 所示的正弦交流电流的波形可知,从 $a$ 点变化至同一状态的 $a'$ 点所需要的时间就是周期 $T$。

正弦交流电在每秒内变化的电角度称为角频率或电角速度,用字母 $\omega$ 表示,单位是弧度/秒(rad/s)。因为正弦量每变化一次需经历 $2\pi\mathrm{rad}$,即 $\omega T = 2\pi$,因此

$$\omega = \frac{2\pi}{T} = 2\pi f \tag{3-3}$$

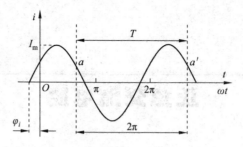

图 3-1 正弦交流电流的周期

式(3-3)表达了 $\omega$、$T$ 和 $f$ 三者之间的关系。这三个量都可以反映正弦交流量变化的快慢,知道其中一个就可求得另外两个。在绘制正弦交流电的波形时既可以用时间 $t$ 作为横坐标,也可以用电角度 $\omega t$ 作为横坐标,如图 3-1 所示。

**例 3-1** 我国电力系统的标准频率(称为工频)为 50Hz,求其周期和角频率。

**解**:周期 $T = 1/f = 1/50 = 0.02(\text{s}) = 20(\text{ms})$

角频率 $\omega = 2\pi f = 2 \times 3.14 \times 50 = 314(\text{rad/s})$

### 2. 相位、初相位和相位差

在式(3-1)中,$\omega t + \varphi_i$ 和 $\omega t + \varphi_u$ 都是随时间变化的电角度,称为正弦交流电的相位,或称为相角。相位的单位是弧度,也可以用度来表示。在开始计时的瞬间,即 $t=0$ 时的相位称为初相位,简称初相。

任选电路中某一个正弦电量的初相为零的瞬时作为计时起点,这个初相位为零的正弦电量称为参考正弦量。

两个同频率正弦量相位之差称为相位差。例如,式(3-1)中的正弦电压 $u$ 与电流 $i$ 之间的相位差 $\varphi$ 为

$$\varphi = (\omega t + \varphi_u) - (\omega t + \varphi_i) = \varphi_u - \varphi_i \tag{3-4}$$

式(3-4)表明,两个同频率正弦量之间的相位差并不随时间而变化,它等于两者的初相位之差。相位差是反映两个同频率正弦量相互关系的重要物理量。它表示了两个同频率正弦量随时间变化"步调"的先后。电路中常采用"超前"和"滞后"来说明两个同频率正弦电量的相位比较结果。

对于式(3-4)中的 $\varphi$:

(1) 若 $\varphi > 0$,称 $u$ 比 $i$ 超前 $\varphi$ 角,或者说 $i$ 比 $u$ 滞后 $\varphi$ 角。
(2) 若 $\varphi < 0$,称 $u$ 比 $i$ 滞后 $\varphi$ 角,或者说 $i$ 比 $u$ 超前 $\varphi$ 角。
(3) 若 $\varphi = 0$,称 $u$ 与 $i$ 同相。
(4) 若 $\varphi = \pm\pi$,称 $u$ 与 $i$ 反相。
(5) 若 $\varphi = \pm\pi/2$,称 $u$ 与 $i$ 正交。

### 3. 瞬时值、有效值和最大值

正弦量在某一瞬间的值称为瞬时值,用小写字母表示,如用 $i$、$u$ 及 $e$ 分别表示正弦电流、电压、电动势的瞬时值。瞬时值中最大的值称为幅值或最大值,用带下标 m 的大写字母表示,如 $i$、$u$ 及 $e$ 的最大值分别用 $I_m$、$U_m$、$E_m$ 表示。瞬时值和最大值都是表征正弦量大小的,但在应用中,正弦量的大小通常采用有效值表示。

有效值是根据电流的热效应来定义的,即当某一交流电流 $i$ 通过一个线性电阻 $R$ 时,在一个周期内所产生的热量与某一直流电流 $I$ 通过同一电阻在相同时间内产生的热量相等,则这一直流电流的数值就称为该交流电流的有效值。按照该定义,有

$$I^2 RT = \int_0^T i^2 R\,\mathrm{d}t \tag{3-5}$$

由此可得,正弦交流电流的有效值为它在一个周期内的方均根值,即

$$I = \sqrt{\frac{1}{T}\int_0^T i^2\,\mathrm{d}t} \tag{3-6}$$

同理,交流电压、交流电动势的有效值分别可表示为

$$\begin{cases} U = \sqrt{\dfrac{1}{T}\int_0^T u^2\,\mathrm{d}t} \\ E = \sqrt{\dfrac{1}{T}\int_0^T e^2\,\mathrm{d}t} \end{cases} \tag{3-7}$$

习惯上有效值的表示与直流量的表示一样,都用大写字母表示。对于正弦电流,设 $i = I_\mathrm{m}\sin\omega t$,则它的有效值为

$$I = \sqrt{\frac{1}{T}\int_0^T I_\mathrm{m}^2 \sin^2\omega t\,\mathrm{d}t} = I_\mathrm{m}\sqrt{\frac{1}{T}\int_0^T \frac{1-\cos 2\omega t}{2}\,\mathrm{d}t} = \frac{I_\mathrm{m}}{\sqrt{2}} \tag{3-8}$$

同理,对于正弦形式的交流电压、电动势,它们的有效值可表示为

$$\begin{cases} U = \dfrac{U_\mathrm{m}}{\sqrt{2}} \\ E = \dfrac{E_\mathrm{m}}{\sqrt{2}} \end{cases} \tag{3-9}$$

正弦交流电的最大值是其有效值的 $\sqrt{2}$ 倍。通常所说的交流电压 220V 是指有效值,交流电压表和交流电流表的读数一般也是有效值。

**例 3-2** 已知正弦电压 $u$ 和电流 $i$ 表达式分别为

$$\begin{cases} u = 310\sin(314t - 45°)\ (\mathrm{V}) \\ i = 14.1\sin(314t - 30°)\ (\mathrm{A}) \end{cases}$$

试以电压 $u$ 为参考量重新写出电压 $u$ 和电流 $i$ 的瞬时值表达式,并求电压 $u$ 和电流 $i$ 的有效值。

**解**:$i$ 与 $u$ 的相位差为 $\varphi = \varphi_i - \varphi_u = -30° - (-45°) = 15°$

以电压 $u$ 为参考量,则电压 $u$ 的瞬时值表达式为 $u = 310\sin(314t)\ (\mathrm{V})$

故电流 $i$ 的瞬时值表达式为 $i = 14.1\sin(314t + 15°)\ (\mathrm{A})$

电压 $u$ 的有效值为 $U = U_\mathrm{m}/\sqrt{2} = 220\ (\mathrm{V})$

电流 $i$ 的有效值 $I = I_\mathrm{m}/\sqrt{2} = 10\ (\mathrm{A})$

两个同频正弦电量的代数和、正弦量乘以常数、正弦量的微积分等运算,其结果仍为一个同频正弦量。

## 3.1.2 正弦量的相量表示法

在线性电路中,不论电路有多复杂,如果电路中所有电源均为频率相同的正弦量,那么

电路各部分的电流、电压都是与电源频率相同的正弦量。对这样的正弦电路进行分析计算时，会遇到一系列同频率正弦量的运算。为简化电路的分析，电工学中常采用"向量法"进行计算。

相量法的实质是用复数来表述正弦量，为此首先复习复数的有关知识。

### 1. 复数的表示方法

一个复数可以有四种表示方法，包括代数形式、三角函数形式、指数形式和极坐标形式。

复数 $A$ 用代数形式可表示为 $A=a+\mathrm{j}b$。其中，$a$ 和 $b$ 分别是复数的实部和虚部，$\mathrm{j}=\sqrt{-1}$ 是虚数单位。

复数也可以用复平面内如图 3-2 所示的一条有向线段来表示，该有向线段的幅值 $r$ 和相角 $\varphi$ 可表示为

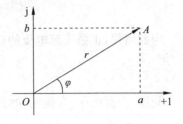

图 3-2　复数 $A$ 在复平面内的表示

$$\begin{cases} r=\sqrt{a^2+b^2} \\ \varphi=\arctan\dfrac{b}{a} \end{cases} \tag{3-10}$$

由于

$$\begin{cases} a=r\cos\varphi \\ b=r\sin\varphi \end{cases} \tag{3-11}$$

所以复数 $A$ 的三角函数形式可表示为

$$A=r\cos\varphi+\mathrm{j}r\sin\varphi=r(\cos\varphi+\mathrm{j}\sin\varphi) \tag{3-12}$$

根据欧拉公式

$$\mathrm{e}^{\mathrm{j}\varphi}=\cos\varphi+\mathrm{j}\sin\varphi \tag{3-13}$$

则复数 $A$ 的指数形式可表示为

$$A=r\mathrm{e}^{\mathrm{j}\varphi} \tag{3-14}$$

指数形式可以简写成极坐标形式，则复数 $A$ 的极坐标形式可表示为

$$A=r\underline{/\varphi} \tag{3-15}$$

若两个复数的实部与虚部分别相等，则称这两个复数相等。

### 2. 复数的运算

复数的运算包括复数的加减、乘除。

复数的加减运算是指将各个复数的实部和虚部分别相加减，该运算适合用代数形式或三角函数形式进行。

例如，复数 $A_1$ 和 $A_2$ 的代数形式和三角函数形式可表示为

$$\begin{cases} A_1=a_1+\mathrm{j}b_1=r_1(\cos\varphi_1+\mathrm{j}\sin\varphi_1) \\ A_2=a_2+\mathrm{j}b_2=r_2(\cos\varphi_2+\mathrm{j}\sin\varphi_2) \end{cases} \tag{3-16}$$

则 $A_1$ 与 $A_2$ 的加减法可表示为

$$A_1\pm A_2=(a_1\pm a_2)+\mathrm{j}(b_1\pm b_2)=(r_1\cos\varphi_1\pm r_2\cos\varphi_2)+\mathrm{j}(r_1\sin\varphi_1\pm r_2\sin\varphi_2) \tag{3-17}$$

复数的加减运算也可以在复平面内用平行四边形法则完成，如图 3-3 所示。

复数的乘除运算则适合用指数形式或极坐标形式进行。

例如，复数 $A_1$ 和 $A_2$ 的指数形式可表示为

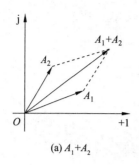 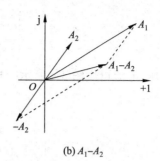

(a) $A_1+A_2$  (b) $A_1-A_2$

图 3-3 复数的加减运算在复平面内的表示

$$\begin{cases} A_1 = r_1 e^{j\varphi_1} \\ A_2 = r_2 e^{j\varphi_2} \end{cases} \tag{3-18}$$

则 $A_1$ 与 $A_2$ 的乘除法可表示为

$$\begin{cases} A_1 \cdot A_2 = r_1 e^{j\varphi_1} \cdot r_2 e^{j\varphi_2} = r_1 r_2 e^{j(\varphi_1+\varphi_2)} \\ \dfrac{A_1}{A_2} = \dfrac{r_1 e^{j\varphi_1}}{r_2 e^{j\varphi_2}} = \dfrac{r_1}{r_2} e^{j(\varphi_1-\varphi_2)} \end{cases} \tag{3-19}$$

在电路中各部分所产生的电流和电压的频率都与电源的频率相同。在分析正弦交流电路时可以把频率这一要素作为已知量。用复数的模表示正弦量的大小,用复数的幅角表示正弦量的初相位,这种用于表示正弦交流电的复数称为相量。

对于正弦电压 $u = U_m \sin(\omega t + \varphi_u)$,可以用复数表示为

$$\dot{U} = U_m e^{j\varphi_u} = U_m(\cos\varphi_u + j\sin\varphi_u) \tag{3-20}$$

用正弦量幅值定义的相量称为幅值相量,也可以定义有效值相量:

$$\dot{U} = \dfrac{U_m}{\sqrt{2}} e^{j\varphi_u} = U e^{j\varphi_u} \tag{3-21}$$

正弦量与表示正弦量的相量之间是一一对应关系。

正弦量:$u = 220\sqrt{2}\sin(314t + 60°)(\mathrm{V})$。

有效值相量:$\dot{U} = 220 e^{j60°} \mathrm{V}$。

如果已知频率 $\omega = 100\mathrm{rad/s}$ 的正弦电量的有效值相量为 $\dot{U} = 100 e^{j45°}\mathrm{V}$,则与此相量对应的正弦电量为

$$u = 100\sqrt{2}\sin(100t + 45°)(\mathrm{V})$$

相量是一个复数,它在复平面上的图形称为相量图。在同一复平面内表示的各相量频率相同。画相量图时要注意各正弦量之间的相位差。

对于正弦量的电压、电流:

$$\begin{cases} u = \sqrt{2} U \sin(\omega t + \varphi_u) \\ i = \sqrt{2} I \sin(\omega t + \varphi_i) \end{cases} \tag{3-22}$$

有效值相量可分别表示为

$$\begin{cases} \dot{U} = U\mathrm{e}^{\mathrm{j}\varphi_u} \\ \dot{I} = I\mathrm{e}^{\mathrm{j}\varphi_i} \end{cases} \tag{3-23}$$

正弦量的电压、电流可用图 3-4 所示的相量图表示。

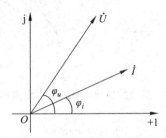

图 3-4 正弦量的电压、电流相量图表示

正弦量是时间的函数,而表示正弦量的相量并非时间的函数,所以只能用相量表示正弦量,而不是等于正弦量。

利用相量分析正弦交流电路时,应注意以下几点。

(1) 只有对同频率的正弦量,才能用对应的相量进行运算。

(2) 在应用相量分析时,先将正弦量变换为对应的相量,通过复数的代数运算求得待求正弦量对应的相量,再由该相量写出对应正弦量的瞬时表达式。

(3) 电工计算中复数算子 j 称为旋转 90°的算子。

$$\pm \mathrm{j} = \cos 90° \pm \mathrm{j}\sin 90° = \mathrm{e}^{\pm\mathrm{j}90°} \tag{3-24}$$

**例 3-3** 已知正弦电流 $i_1 = 2\sqrt{2}\sin(100\pi t + 60°)(\mathrm{A})$,$i_2 = 3\sqrt{2}\sin(100\pi t + 30°)(\mathrm{A})$,试用相量法求 $i = i_1 + i_2$。

**解**:$i_1$、$i_2$ 的相量形式分别为 $\dot{I}_1 = 2\underline{/60°}$ A,$\dot{I}_2 = 3\underline{/30°}$ A,两相量之和

$$\begin{aligned}
\dot{I} &= \dot{I}_1 + \dot{I}_2 = 2\underline{/60°} + 3\underline{/30°} \\
&= 1 + \mathrm{j}1.732 + 2.598 + \mathrm{j}1.5 \\
&= 3.598 + \mathrm{j}232 \\
&= 4.836\underline{/41.9°}(\mathrm{A})
\end{aligned}$$

故 $i = 4.836\sqrt{2}\sin(100\pi t + 41.9°)(\mathrm{A})$

### 3.1.3 单一参数电路元件的交流电路

由电阻、电感、电容单个元件组成的正弦交流电路是最简单的交流电路,也称为单一参数电路元件的交流电路。以下讨论它们在正弦交流电作用下的相量关系。

**1. 电阻元件**

设图 3-5 所示的电阻元件上流过的电流为

$$i_R = \sqrt{2}I\sin(\omega t + \varphi_i) \tag{3-25}$$

根据欧姆定律,电阻两端的电压为

$$u_R = Ri_R = \sqrt{2}RI\sin(\omega t + \varphi_i) = \sqrt{2}U\sin(\omega t + \varphi_u) \tag{3-26}$$

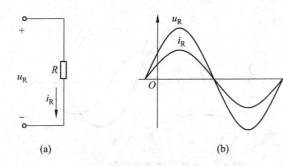

图 3-5 电阻元件上的电压和电流

式中：

$$\begin{cases} U = RI \\ \varphi_u = \varphi_i \end{cases} \tag{3-27}$$

可见电压有效值等于电流有效值乘以 $R$，电压的相位和电流的相位相同，即两者同相位。根据欧姆定律可得 $U_{Rm} = I_{Rm}R$ 或 $U_R = I_R R$。由此可得，电阻电路中，电压的有效值（或最大值）之间的关系也符合欧姆定律。

图 3-5 可表示为相量形式，如图 3-6 所示。用相量的形式来分析电阻端电压和电流的关系如下所述。

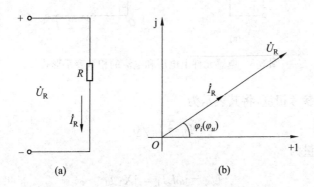

图 3-6 电阻元件上电压和电流的相量表示形式

外加电压 $u_R$ 和产生的电流 $i_R$ 的相量形式分别为 $\dot{U}_R = U_R \underline{/\varphi_u}$，$\dot{I}_R = I_R \underline{/\varphi_i}$，电阻电路中欧姆定律的相量形式既表明了电阻端电压 $\dot{U}_R$ 和电流 $\dot{I}_R$ 的有效值之间符合欧姆定律，又表明了它们的相位关系，即 $\dot{U}_R$ 和 $\dot{I}_R$ 同相位。

**2. 电感元件**

设图 3-7 所示的电感上流过的电流为

$$i_L = \sqrt{2} I_L \sin \omega t \tag{3-28}$$

则电感两端的电压为

$$u_L = L \frac{di_L}{dt} = \sqrt{2} \omega L I_L \sin(\omega t + 90°) = \sqrt{2} U_L \sin(\omega t + 90°) \tag{3-29}$$

当正弦电流通过电感元件时，在电感元件上产生一个同频率的正弦电压，且在相位上超

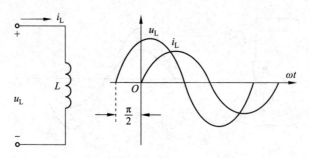

图 3-7 电感元件的电压和电流

前电流 90°。由 $U_L = \omega L I_L$，可得 $U_L/I_L = \omega L = 2\pi f L = X_L$。

$X_L$ 称为电感元件的电抗，简称为感抗。频率的单位为 Hz，电感的单位为 H，感抗的单位为 Ω。

图 3-7 可表示为如图 3-8 所示的相量形式。

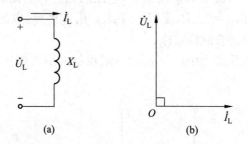

图 3-8 电感元件上电压和电流的相量表示形式

设电感电流为参考相量，将其表示为

$$\dot{I}_L = I_L \underline{/0°} \tag{3-30}$$

则电感上的电压相量为

$$\dot{U}_L = j\omega L \dot{I}_L = jX_L \dot{I}_L \tag{3-31}$$

式(3-31)为电感电路中欧姆定律的相量形式，既表明了电感端电压与电流的有效值之间符合欧姆定律，又表明了电感端电压与电流的相位关系，即电感端电压超前电流 90°。

### 3. 电容元件

设图 3-9 所示的电容两端的电压为

$$u_C = \sqrt{2} U_C \sin\omega t \tag{3-32}$$

则流过电容的电流为

$$i_C = C\frac{du_C}{dt} = \sqrt{2}\omega C U_C \cos\omega t = \sqrt{2} I_C \sin(\omega t + 90°) \tag{3-33}$$

通过电容的电流 $i_C$ 与它的端电压 $u_C$ 是同频率的正弦量，且电流超前电压 90°。

由 $I_C = \omega C U_C$，可得 $U_C/I_C = 1/(\omega C) = 1/(2\pi f C) = X_C$，$X_C$ 称为电容的电抗，简称容抗，单位为 Ω。

用相量的形式来分析电容端电压和电流的关系如图 3-10 所示。

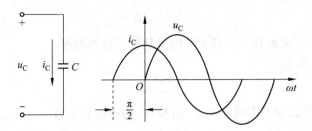

图 3-9 电容元件的电压和电流

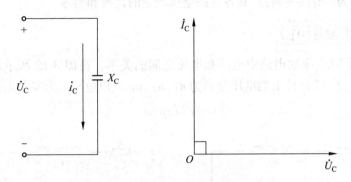

图 3-10 电容元件的正弦交流电路示意图

设电容上的电压为参考相量，将其表示为

$$\dot{U}_C = U_C \angle 0° \tag{3-34}$$

通过电容的电流 $i_C$ 相量为

$$\dot{I}_C = j\omega C \dot{U}_C = \frac{\dot{U}_C}{j\frac{1}{\omega C}} = \frac{\dot{U}_C}{jX_C} \tag{3-35}$$

式(3-35)为电容电路中欧姆定律的相量形式，既表明了电容端电压与电流有效值之间符合欧姆定律，又表明了它们的相位关系，即电流在相位上超前端电压 $90°$。

## 3.2 正弦交流电路的分析

在直流电路中由欧姆定律和基尔霍夫定律所推导出来的一切结论、定理和分析方法都可以扩展到正弦交流电路中。

### 3.2.1 基尔霍夫定律的相量形式

在分析交流电路时，仍然是根据基尔霍夫定律来列写有关的方程式。因为在任何瞬间，电压、电流值总服从于基尔霍夫定律。

对于任一节点，满足：

$$\sum i = 0 \tag{3-36}$$

如果这些电流都是同频率的正弦量，则 KCL 的相量形式为

$$\sum \dot{I} = 0 \tag{3-37}$$

式(3-37)可表述为:在电路任一节点上的电流相量代数和为零。

对于任一回路,满足:

$$\sum u = 0 \tag{3-38}$$

如果这些电压都是同频率的正弦量,则 KVL 的相量形式为

$$\sum \dot{U} = 0 \tag{3-39}$$

式(3-39)可表述为:沿任一回路,其各支路电压相量的代数和为零。

## 3.2.2 阻抗(复阻抗)

下面先分析 RLC 串联电路中电压和电流之间的关系。在图 3-11 所示的电路中,电路中的电流为 $i$, $R$、$L$、$C$ 元件上的电压分别为 $u_R$、$u_L$、$u_C$。以电流 $i$ 为参考正弦量,即

$$i = \sqrt{2} I \sin\omega t \tag{3-40}$$

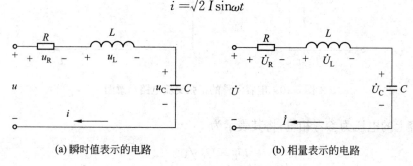

(a) 瞬时值表示的电路    (b) 相量表示的电路

图 3-11 RLC 串联电路示意图

根据 KVL 可得

$$u = u_R + u_L + u_C \tag{3-41}$$

将其转换为对应的相量运算,则

$$\dot{U} = \dot{U}_R + \dot{U}_L + \dot{U}_C \tag{3-42}$$

相量模型示意图如图 3-11(b)所示。由于

$$\dot{U} = \left[ R + j\left(\omega L - \frac{1}{\omega C}\right) \right] \dot{I} \tag{3-43}$$

则有

$$\begin{cases} \dot{U}_R = R\dot{I} \\ \dot{U}_L = j\omega L \dot{I} \\ \dot{U}_C = \dfrac{1}{j\omega C} \dot{I} \end{cases} \tag{3-44}$$

由式(3-43)可得

$$Z = R + j\left(\omega L - \frac{1}{\omega C}\right) = R + j(X_L - X_C) = R + jX = |Z| \underline{/\varphi} \tag{3-45}$$

式中:$Z$ 为 RLC 串联电路的复阻抗,简称阻抗,单位是 Ω;$R$ 为电阻,单位是 Ω;$X$ 为电抗,

单位是 Ω；$|Z|$ 为阻抗模，单位是 Ω；$\varphi$ 称为阻抗角。

进一步可得

$$\begin{cases} |Z|=\sqrt{R^2+X^2} \\ \varphi=\arctan\dfrac{X}{R} \end{cases} \tag{3-46}$$

复阻抗虽然是复数，但它不是相量，所以字母 $Z$ 上不能标有"·"。在不同的频率下，阻抗具有不同的性质。

(1) 当 $X_L = X_C$ 时，$X=0$，$\varphi=0$，$Z=R$，$\dot{U}$ 与 $\dot{I}$ 同相，如图 3-12(a) 所示，电路呈电阻性。

(2) 当 $X_L > X_C$ 时，$X>0$，$\varphi>0$，$\dot{U}$ 超前于 $\dot{I}$ 角度 $\varphi$，如图 3-12(b) 所示，电路呈电感性。

(3) 当 $X_L < X_C$ 时，$X<0$，$\varphi<0$，$\dot{U}$ 滞后于 $\dot{I}$ 角度 $\varphi$，如图 3-12(c) 所示，电路呈电容性。

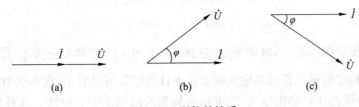

图 3-12 阻抗的性质

**例 3-4** 一个线圈的电阻 $R=250\Omega$，电感 $L=1.2H$，它和一个 $C=10\mu F$ 的电容器串联，外加电压 $u=220\sqrt{2}\sin 314t(V)$，如图 3-13 所示。求电路中的电流、线圈和电容器两端的电压，并画出电压、电流的相量图。

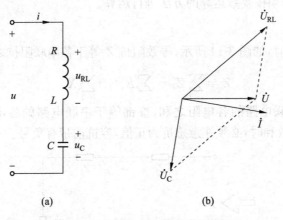

图 3-13 例 3-4 的电路图和相量图

**解：** $X_L = \omega L = 314 \times 1.2 = 376.8(\Omega)$

$X_C = 1/(\omega C) = 10^6/(314 \times 10) = 318.5(\Omega)$

电路的阻抗：

$$Z = R + j(X_L - X_C) = 250 + j(376.8 - 318.5) = 256.7 \underline{/13.1°}(\Omega)$$

已知 $\dot{U} = 220 \underline{/0°}$ V,故电流为

$$\dot{I} = \frac{\dot{U}}{Z} = \frac{220 \underline{/0°}}{256.7 \underline{/13.1°}} = 0.857 \underline{/-13.1°}(A)$$

线圈的阻抗：

$$Z_{RL} = R + jX_L = 250 + j376.8 = 452.2 \underline{/56.4°}(\Omega)$$

线圈的端电压：

$$\dot{U}_{RL} = Z_{RL}\dot{I} = 452.2 \underline{/56.4°} \times 0.857 \underline{/-13.1°} = 387.5 \underline{/43.3°}(V)$$

电容器的端电压：

$$\dot{U}_C = -jX_C\dot{I} = 318.5 \underline{/-90°} \times 0.857 \underline{/-13.1°} = 273 \underline{/-103.1°}(V)$$

电流、电压的瞬时值为

$$i = 0.857\sqrt{2}\sin(314t - 13.1°)(A)$$
$$u_{RL} = 387.5\sqrt{2}\sin(314t + 43.3°)(V)$$
$$u_C = 273\sqrt{2}\sin(314t - 103.1°)(V)$$

电压、电流相量图如图 3-13(b)所示,在该相量图中,$\dot{U}$ 的初相位为零(题目已知),$\dot{I}$、$\dot{U}_{RL}$ 和 $\dot{U}_C$ 的初相位根据计算结果定性画出。由计算结果可以看出,在本例中线圈的端电压和电容器的端电压都比外加电压大,即电路中局部的电压大于总电压。这种现象在直流电路中是不可能出现的。

### 3.2.3 阻抗的串联和并联

阻抗串联或并联后,其等效阻抗的计算公式和电阻串联或并联后等效电阻的计算公式是相似的,但计算时必须按复数运算的方法进行运算。

**1. 阻抗的串联**

当 $n$ 个阻抗串联时,如图 3-14 所示,等效阻抗 $Z$ 等于各串联阻抗之和,可表示为

$$Z = \sum_{i=1}^{n} Z_i = \sum_{i=1}^{n} R_i + j\sum_{i=1}^{n} X_i \tag{3-47}$$

它的实部等于串联电路的各电阻之和,虚部等于串联电路的各电抗之代数和。在求式(3-47)中电抗的代数和时,必须注意感抗为正值,容抗前带有负号。

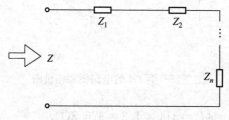

图 3-14 阻抗串联示意图

## 2. 阻抗的并联

当 $n$ 个阻抗并联时，如图 3-15 所示，并联阻抗的等效阻抗 $Z$ 的倒数等于各并联阻抗的倒数之和，可表示为

$$\frac{1}{Z}=\frac{1}{Z_1}+\frac{1}{Z_2}+\cdots+\frac{1}{Z_{n-1}}+\frac{1}{Z_n}=\sum_{k=1}^{n}Z_k \tag{3-48}$$

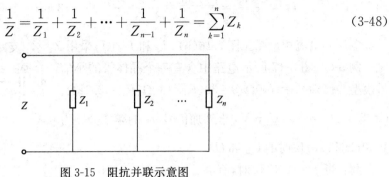

图 3-15 阻抗并联示意图

对于两个阻抗并联时，其等效阻抗为

$$Z=\frac{Z_1Z_2}{Z_1+Z_2} \tag{3-49}$$

在正弦交流电路中应用相量法之后，直流电路的分析方法都可采用。在直流电路的计算公式中，只要把电阻、电压和电流改为阻抗、电压相量和电流相量，就成为正弦交流电路的计算公式。

**例 3-5** 在图 3-16 所示的电路中，$Z_1=(4+\mathrm{j}10)\Omega$、$Z_2=(8-\mathrm{j}6)\Omega$、$Z_3=\mathrm{j}8.33\Omega$、$U=60\mathrm{V}$。求电流 $\dot{I}_1$、$\dot{I}_2$ 和 $\dot{I}_3$，并画出电压和电流的相量图。

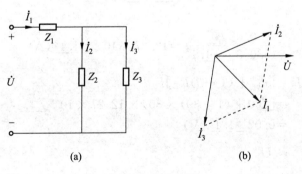

图 3-16 例 3-5 图

**解**：设电压为参考相量，即 $\dot{U}=60\underline{/0°}\mathrm{V}$，两个并联阻抗 $Z_2$、$Z_3$ 的等效阻抗：

$$Z_{23}=\frac{Z_2Z_3}{Z_2+Z_3}=\frac{(8-\mathrm{j}6)(\mathrm{j}8.33)}{8-\mathrm{j}6+\mathrm{j}8.33}=\frac{50+\mathrm{j}66.6}{8+\mathrm{j}2.33}=\frac{83.3\underline{/53.1°}}{8.33\underline{/16.2°}}=8+\mathrm{j}6(\Omega)$$

$Z_1$ 和 $Z_{23}$ 串联的阻抗为

$$Z=Z_1+Z_{23}=(4+\mathrm{j}10)+(8+\mathrm{j}6)=20\underline{/53.1°}(\Omega)$$

可得：

$$\dot{I}_1=\frac{\dot{U}}{Z}=\frac{60\underline{/0°}}{20\underline{/53.1°}}=3\underline{/-53.1°}(\mathrm{A})$$

$$\dot{I}_2=\frac{Z_{23}\dot{I}_1}{Z_2}=\frac{10\angle 36.9^\circ\times 3\angle -53.1^\circ}{8-j6}=3\angle 20.7^\circ(\text{A})$$

$$\dot{I}_3=\frac{Z_{23}\dot{I}_1}{Z_3}=\frac{10\angle 36.9^\circ\times 3\angle -53.1^\circ}{j8.33}=3.6\angle -106.2^\circ(\text{A})$$

电压和电流相量图见图 3-16(b)。$\dot{I}_2$ 和 $\dot{I}_3$ 也可采用 $Z_2$、$Z_3$ 支路对 $\dot{I}_1$ 的分流关系求得。

**例 3-6** 图 3-17 所示电路中含有一个晶体管的小信号模型。已知 $r_{be}=700\Omega$、$\beta=30$、$R_E=30\Omega$、$R_C=2.4\text{k}\Omega$、$C=5\mu\text{F}$、$\dot{U}_1=20\angle 0^\circ$ mV，求外加信号 $u_1$ 的频率分别为 1000Hz 和 20Hz 时的 $\dot{U}_b$ 和 $\dot{U}_o$。

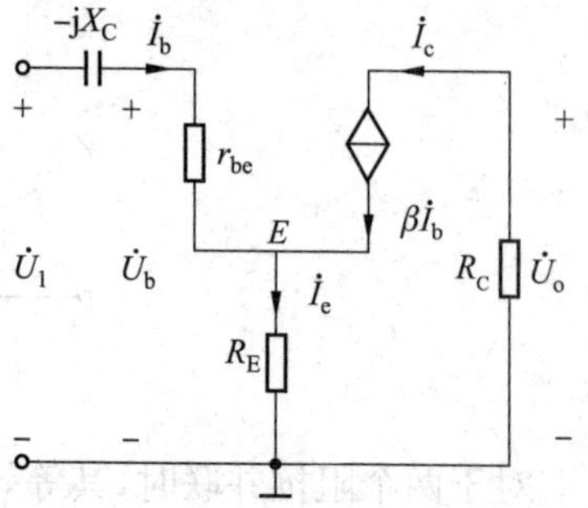

图 3-17 例 3-6 图

**解**：当 $f=1000$Hz 时，有

$$X_C=\frac{1}{2\pi fC}=\frac{10^6}{2\times 3.14\times 1000\times 5}=31.8(\Omega)$$

根据 KCL，对节点 $E$ 可列出：

$$\dot{I}_e=\dot{I}_b+\beta\dot{I}_b=(1+\beta)\dot{I}_b$$

根据 KVL，对输入回路可列出：

$$\begin{aligned}\dot{U}_1&=(r_{be}-jX_C)\dot{I}_b+R_E\dot{I}_e\\&=[700+(1+30)\times 30-j31.8]\dot{I}_b\\&=1630.3\angle -1.1^\circ\ \dot{I}_b\end{aligned}$$

于是，有

$$\dot{I}_b=\frac{0.02\angle 0^\circ}{1630.3\angle -1.1^\circ}=12.27\times 10^{-6}\angle 1.1^\circ(\text{A})$$

$$\begin{aligned}\dot{U}_b&=[r_{be}+(1+\beta)R_E]\dot{I}_b\\&=[700+(1+30)\times 30]\times 12.27\times 10^{-6}\angle 1.1^\circ\\&=0.02\angle 1.1^\circ(\text{V})\\&\approx\dot{U}_1\end{aligned}$$

$$\begin{aligned}\dot{U}_o&=-R_C\dot{I}_c\\&=-\beta R_C\dot{I}_b\\&=-30\times 2400\times 12.27\times 10^{-6}\angle 1.1^\circ\\&=0.88\angle -178.9^\circ(\text{V})\end{aligned}$$

同理可求得，$f=20$Hz 时，$X_C=1529\Omega$、$\dot{I}_b=8.8\times 10^{-6}\angle 44.3^\circ$ A、$\dot{U}_b=0.014\angle 44.3^\circ$ V、$\dot{U}_o=0.63\angle -135.7^\circ$ V。可见，当频率由 1000Hz 变为 20Hz 后，由于 $X_C$ 明显增大，故 $\dot{I}_b$、$\dot{U}_b$、$\dot{U}_o$ 都发生较大变化。

## 3.3 电路的谐振

在 $R$、$L$、$C$ 组成的电路中,在一定的频率下可以呈现电阻性质,端口电压和端口电流同相位,这时电路就处于谐振状态。发生在串联电路中的谐振称为串联谐振,发生在并联电路中的谐振称为并联谐振。

### 3.3.1 串联谐振

**1. RLC 串联谐振电路**

如图 3-18 所示的 RLC 串联电路中,电路的复阻抗为

$$Z = R + j(X_L - X_C) = R + j\left(\omega L - \frac{1}{\omega C}\right)$$

$$|Z| = \sqrt{R^2 + (X_L - X_C)^2} = \sqrt{R^2 + \left(\omega L - \frac{1}{\omega C}\right)^2} \tag{3-50}$$

$$\varphi = \arctan\frac{X_L - X_C}{R} = \arctan\frac{\omega L - \dfrac{1}{\omega C}}{R} \tag{3-51}$$

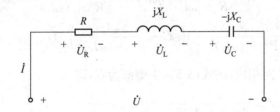

图 3-18 串联谐振电路

当电路发生谐振时,电路呈电阻性,端口电压和端口电流同相位,即 $\varphi = 0$,所以有

$$X_L = X_C \quad \text{或} \quad \omega L = \frac{1}{\omega C} \tag{3-52}$$

由式(3-52)可以看出,调整 $\omega$、$L$ 和 $C$ 三个数值中的任意一个均可使式(3-52)成立,从而使电路发生谐振。电路发生谐振时的角频率用 $\omega_0$ 表示,称为谐振角频率,则有

$$\omega_0 = \frac{1}{\sqrt{LC}} \quad \text{或} \quad f_0 = \frac{1}{2\pi\sqrt{LC}} \tag{3-53}$$

$f_0$ 称为谐振频率。

**2. 串联谐振电路的特征**

(1) 由式(3-50)可知,当电路发生串联谐振时,$|Z| = R$,这时的 $|Z|$ 具有最小值。因此,当电压一定时电流值最大,$I_0 = \dfrac{U}{R}$,$I_0$ 称为串联谐振电流。

(2) 由图 3-18 可知,$\dot{U}_L = -\dot{U}_C$,即电感上的电压与电容上的电压大小相等,方向相反,互相抵消。如果 $X_L = X_C \gg R$,则有 $U_L = U_C \gg U$,即电感或电容上的电压远远大于电路两

端的电压,这种现象称为过高压现象,往往会造成元件的损坏。通常将串联谐振电路中 $U_L$ 或 $U_C$ 与 $U$ 的比值称为品质因数,用 $Q$ 来表示,即

$$Q = \frac{U_L}{U} = \frac{U_C}{U} = \frac{\omega_0 L}{R} = \frac{1}{\omega_0 RC} = \frac{1}{R}\sqrt{\frac{L}{C}} \tag{3-54}$$

### 3.3.2 并联谐振

**1. RLC 并联谐振电路**

谐振也可以发生在并联电路中,如图 3-19 所示,电阻 $R$ 和电感 $L$ 串联表示实际线圈与电容 $C$ 并联组成并联谐振电路。电感支路的电流为

$$\dot{I}_L = \frac{\dot{U}}{R + jX_L} = \frac{\dot{U}}{R + j\omega L}$$

电容支路的电流为

$$\dot{I}_C = \frac{\dot{U}}{-jX_C} = j\omega C\dot{U}$$

总电流为

$$\dot{I} = \dot{I}_L + \dot{I}_C = \frac{\dot{U}}{R + j\omega L} + j\omega C\dot{U} = \left[\frac{R - j\omega L}{R^2 + (\omega L)^2} + j\omega C\right]\dot{U}$$

$$= \left[\frac{R}{R^2 + (\omega L)^2} + j\left(\omega C - \frac{\omega L}{R^2 + (\omega L)^2}\right)\right]\dot{U} \tag{3-55}$$

当发生谐振时,$\dot{I}$ 与 $\dot{U}$ 同相位,则式(3-55)中虚部为零,即

$$\omega C = \frac{\omega L}{R^2 + (\omega L)^2}$$

一般情况下,$R$ 很小,尤其在频率较高时,$\omega L \gg R$,因此有

$$\omega C = \frac{1}{\omega L}$$

所以,谐振角频率为

$$\omega_0 = \frac{1}{\sqrt{LC}}$$

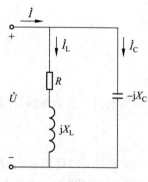

图 3-19 并联谐振电路

谐振频率为

$$f_0 = \frac{1}{2\pi\sqrt{LC}} \tag{3-56}$$

**2. RLC 并联谐振电路的特征**

(1) 并联电路发生谐振时电压和电流同相,电路呈电阻性,因此式(3-55)中的虚部为零,电流最小,阻抗最大。所以有谐振时的电流为

$$\dot{I}_0 = \frac{R}{R^2 + (\omega L)^2}\dot{U} = \frac{\dot{U}}{\frac{R^2 + (\omega L)^2}{R}} = \frac{\dot{U}}{Z}$$

式中：
$$Z = \frac{R^2+(\omega_0 L)^2}{R} \approx \frac{(\omega_0 L)^2}{R} = \frac{L}{RC}$$

所以
$$\dot{I}_0 = \frac{\dot{U}}{\frac{L}{RC}}$$

(2) 谐振时，由于电路呈电阻性，电感电流 $\dot{I}_L$ 和电容电流 $\dot{I}_C$ 大小几乎相等，相位相反，总电流很小，因此，电感或电容的电流大小有可能远远超过总电流，电感或电容的电流与总电流的比值称为品质因数，用 $Q$ 来表示，其值为

$$Q = \frac{I_L}{I_0} = \frac{\omega_0 L}{R} \tag{3-57}$$

在无线电系统中，谐振的应用是比较广泛的，但在电力工程中，要避免谐振给电气设备带来的危害。

## 3.4 交流电路的功率及功率因数

在交流电路中电压和电流都是时间的函数，瞬时功率也是随时间变化的，因此比直流电路要复杂些。现在来讨论正弦交流电路功率的意义及其计算方法。

**1. 瞬时功率**

电路中某一瞬间吸收或放出的功率称为瞬时功率，即 $p = ui$。

对于如图 3-20(a)所示的无源二端网络，其输入电压、电流可表示为

$$\begin{cases} u = \sqrt{2}U\sin\omega t \\ i = \sqrt{2}I\sin(\omega t - \varphi) \end{cases} \tag{3-58}$$

$\varphi$ 为电压与电流之间的相位差，该电路的瞬时输入功率为

$$\begin{aligned} p = ui &= \sqrt{2}U\sin\omega t \cdot \sqrt{2}I\sin(\omega t - \varphi) \\ &= 2UI\sin\omega t \cdot \sin(\omega t - \varphi) \\ &= UI\cos\varphi - UI\cos(2\omega t - \varphi) \end{aligned} \tag{3-59}$$

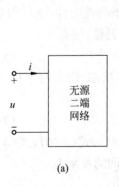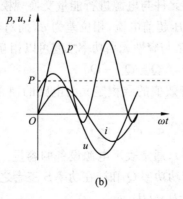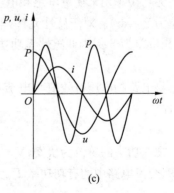

图 3-20 正弦电路的电压、电流和瞬时功率波形图

瞬时功率的波形如图 3-20(b)所示。可以看出，瞬时功率有正有负，正值表示网络从电

源吸收功率；负值表示网络向电源回馈功率。当电路只含电阻元件时，$\varphi=0$，$p=UI(1-\cos2\omega t)$，总有 $p\geqslant 0$，表明电阻 $R$ 总是从电源吸收功率，这和 $R$ 是耗能元件的性质相符。当电路只含电感元件时，$\varphi=90°$，$p=-UI\sin2\omega t$，其波形如图 3-20（c）所示；当电路只含电容元件时，$\varphi=-90°$，$p=UI\sin2\omega t$，其波形与图 3-20（c）正好相反。电路中只含电感元件或电容元件的情况下，其功率波形在一个周期中的正、负面积相等，表明电感元件或电容元件只是不断地进行能量的吞吐，并不消耗电能，这和 $L$、$C$ 是储能元件的性质相符。对于一般电路，功率波形的正、负面积不相等，负载吸收功率的时间总是大于释放功率的时间，说明电路在消耗功率，这是由于电路中含有电阻的缘故。

**2. 有功功率、无功功率与视在功率**

电路在电流变化一个周期内瞬时功率的平均值称为平均功率或有功功率，对于正弦电路，其平均功率为

$$P=\frac{1}{T}\int_0^T p\,dt=\frac{1}{T}\int_0^T UI[\cos\varphi-\cos(2\omega t-\varphi)]dt=UI\cos\varphi \tag{3-60}$$

它比直流电路的功率表达式多一个因子 $\cos\varphi$，这是由于交流电路中的电压和电流存在相位差 $\varphi$ 引起的。将 $\cos\varphi$ 称为电路的功率因数，一般用 $\lambda$ 表示，它是交流电路中一个非常重要的指标。$\varphi$ 称为功率因数角。

有功功率不仅与电压和电流有效值的乘积有关，还与电压和电流的相位差有关。

（1）对于电阻元件 $R$，由于 $\varphi=0$，所以

$$P_R=U_R I_R=I_R^2 R \tag{3-61}$$

（2）对于电感元件 $L$，由于 $\varphi=90°$，所以

$$P_L=U_L I_L\cos 90°=0 \tag{3-62}$$

（3）对于电容元件 $C$，由于 $\varphi=-90°$，所以

$$P_C=U_C I_C\cos(-90°)=0 \tag{3-63}$$

由此可见，在正弦交流电路中，电感、电容元件实际上不消耗电能，而电阻总是消耗电能的。电路所消耗的平均功率即为电阻所消耗的功率。因此，平均功率即称为有功功率。有功功率 $P$ 的单位是瓦（W）。

无功功率用来衡量电感和电容元件与电源进行能量交换规模的大小，用字母 $Q$ 表示，单位为乏（var）。对于感性元件，电压超前电流，相位差为 $\varphi$，而对于容性元件，电压滞后电流，相位差为 $-\varphi$，因此感性无功功率与容性无功功率之间可以相互补偿，故有

$$Q=Q_L-Q_C \tag{3-64}$$

将电路的电压有效值与电流有效值的乘积定义为电路的视在功率，用大写字母 $S$ 表示，即

$$S=UI=|Z|I^2 \tag{3-65}$$

视在功率的单位为伏安（V·A），通常表示电源设备的容量。根据式（3-60）、式（3-65）可知，交流电路中的有功功率 $P$、无功功率 $Q$ 和视在功率 $S$ 三者之间的关系为

$$\begin{cases} P=UI\cos\varphi \\ Q=UI\sin\varphi \\ S=UI=\sqrt{P^2+Q^2} \end{cases} \tag{3-66}$$

其中，$\varphi = \arctan \dfrac{Q}{P}$。它们在数量上符合直角三角形的三条边之间的关系，如图 3-21 所示。

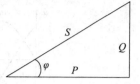

图 3-21　功率三角形示意图

### 3. 功率因数的提高

由于电源设备的容量就是视在功率 $UI$，而输出的有功功率却为 $UI\cos\varphi$，因此，为了充分利用电源设备的容量，就要尽量提高电路的功率因数 $\lambda$。例如，一台变压器的容量为 7500kV·A，若负载的功率因数 $\lambda = 1$，则此变压器就能输出 7500kW 的有功功率；若负载的功率因数 $\lambda$ 降低到 0.8，则此变压器最多只能输出 $7500 \times 0.8 = 6000$(kW) 的有功功率，也就是说此时变压器的容量未能充分利用。另外，提高功率因数还能减少线路损耗，从而提高输电效率。当负载的有功功率 $P$ 和电压 $U$ 一定时，功率因数 $\lambda = \cos\varphi$ 越大，则输电线路中 $I = P/(U\cos\varphi)$ 就越小，消耗在输电线路电阻 $R_L$ 上的功率 $\Delta P = R_L I^2$ 也越小。因此，提高功率因数可以减小线路损耗，具有很大的经济意义。

由于工业上大量的设备均为感性负载，因此常采用并联电容器的方法来提高功率因数。

## 3.5　三相交流电路

由三个幅值相等、频率相同、相位互差 120° 的单相交流电源所构成的电源称为三相电源。由三相电源构成的电路称为三相电路。目前世界上电力系统所采用的供电方式绝大多数属于三相制电路，三相电路的分析和计算有它自身的特点。本节重点介绍三相四线制电源的线电压和相电压的关系以及三相电流及功率的计算。

### 3.5.1　三相对称电源

三相对称电源是指三相发电机的三个独立绕组上产生频率相同、振幅相同、初相位依次相差 120° 的三相电压。其中每一个电压源称为三相电源的一相，分别用 $u_U$、$u_V$、$u_W$ 表示。

若以 $u_U$ 作为参考正弦量，则三相电源相电压的瞬时值表达式为

$$\begin{cases} u_U = \sqrt{2}\,U_p \sin\omega t \\ u_V = \sqrt{2}\,U_p \sin(\omega t - 120°) \\ u_W = \sqrt{2}\,U_p \sin(\omega t - 240°) = \sqrt{2}\,U_p \sin(\omega t + 120°) \end{cases} \quad (3\text{-}67)$$

三相电源相电压的相量表达式为

$$\begin{cases} \dot{U}_U = U_p \underline{/0°} \\ \dot{U}_V = U_p \underline{/-120°} \\ \dot{U}_W = U_p \underline{/120°} \end{cases} \quad (3\text{-}68)$$

式(3-67)和式(3-68)中的 $U_p$ 为相电压有效值。其波形图和相量图如图 3-22 所示。

三相电源的电压瞬时值之和为零，其相量之和也为零，即：

$$\begin{cases} u_U + u_V + u_W = 0 \\ \dot{U}_U + \dot{U}_V + \dot{U}_W = 0 \end{cases} \quad (3\text{-}69)$$

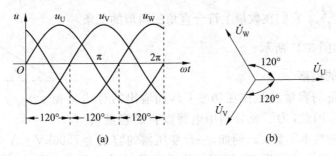

图 3-22 三相电源相电压的波形图和相量图

三相交流电源在相位上的先后次序称为相序，即 $\dot{U}_U \rightarrow \dot{U}_V \rightarrow \dot{U}_W$，三相电压的相序为 U→V→W。

## 3.5.2 三相电源的联结

**1. 三相电源的星形联结**

三相发电机中三个绕组分别称为 U、V 和 W 相绕组。

星形联结电路如图 3-23 所示，其连接方式是将三相发电机中三相绕组的末端 $U_2$、$V_2$ 和 $W_2$ 接到一起，该连接点称为中性点或零点，用 N 表示。将三相绕组的始端 $U_1$、$V_1$、$W_1$ 向外引出三条导线，称为相线，俗称火线，分别用黄色、绿色、红色标记。从中性点引出的导线称为中线（或零线），有时中线接地，也称地线，用淡蓝色标记。

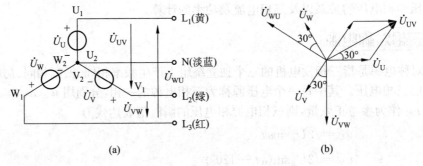

图 3-23 三相电源的星形联结

相线与中线间的电压称为相电压，两根相线间的电压称为线电压，对应的相量为

$$\begin{cases} \dot{U}_{UV} = \dot{U}_U - \dot{U}_V \\ \dot{U}_{VW} = \dot{U}_V - \dot{U}_W \\ \dot{U}_{WU} = \dot{U}_W - \dot{U}_U \end{cases} \tag{3-70}$$

相电压是对称的，线电压也是对称的，线电压的大小是相电压的 $\sqrt{3}$ 倍，且线电压 $\dot{U}_{UV}$、$\dot{U}_{VW}$、$\dot{U}_{WU}$ 在相位上分别超前于相电压 $\dot{U}_U$、$\dot{U}_V$、$\dot{U}_W$ 30°。

线电压的有效值用 $U_l$ 表示，相电压的有效值用 $U_p$ 表示，它们之间的数值关系为

$$U_1 = \sqrt{3} U_p \tag{3-71}$$

**2. 三相电源的三角形联结**

三角形联结将三相发电机的三相绕组始末端依次相接,即 $U_2$ 与 $V_1$、$V_2$ 与 $W_1$、$W_2$ 与 $U_1$ 相接,形成一个闭合回路,然后从三个连接点引出三条相线,如图 3-24 所示。这种接法只有三根导线,电源的线电压就等于相应的相电压,即：

$$\begin{cases} \dot{U}_{UV} = \dot{U}_U \\ \dot{U}_{VW} = \dot{U}_V \\ \dot{U}_{WU} = \dot{U}_W \end{cases} \tag{3-72}$$

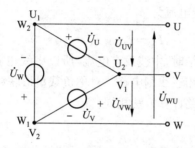

图 3-24 三相电源的三角形联结

三相交流发电机一般都采用星形联结。高压输电采用三相三线制,低压供电采用三相四线制。低压供电的线电压为 380V,相电压为 220V,负载可根据其额定电压决定其接法。

## 35.3 三相电路中负载的联结

**1. 负载的星形联结**

将三相负载 $Z_U$、$Z_V$、$Z_W$ 的一端连在一起,用符号 $N'$ 表示,这点称为负载的中性点。把负载的中性点接在电源的中线上,负载的另一端分别与三根相线 U、V、W 相连,构成了负载星形联结的三相四线制电路,其联结示意图如图 3-25 所示。

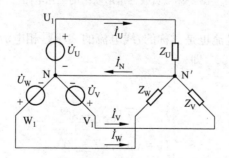

图 3-25 负载星形联结的三相四线制电路

三相电路中各相负载承受的电压称为负载的相电压,各相负载流过的电流称为相电流,相线中的电流称为线电流。

当负载做星形联结时,相电流等于线电流,即:

$$I_p = I_l \tag{3-73}$$

加在各相负载上的电压等于电源的各相电压,它们是对称的。以电压 $\dot{U}_U$ 为参考相量,则有

$$\begin{cases} \dot{U}_U = U_p \angle 0° \\ \dot{U}_V = U_p \angle -120° \\ \dot{U}_W = U_p \angle 120° \end{cases} \tag{3-74}$$

可分别求出流过每相负载的电流,由于中线电流可表示为 $\dot{I}_N = \dot{I}_U + \dot{I}_V + \dot{I}_W$。当三相对称负载做星形联结时,中线电流为

$$\dot{I}_N = \dot{I}_U + \dot{I}_V + \dot{I}_W = 0 \tag{3-75}$$

三相对称负载做星形联结时,中线没有电流,所以中线也就没有存在的必要,于是就产生了对称负载星形联结的三相三线制电路。对称负载星形联结的三相三线制电路与对称负载星形联结的三相四线制电路计算方法相同。

**2. 负载的三角形联结**

当三相负载每相的额定电压等于电源的线电压时,负载通常做三角形联结,负载的相电压等于电源的线电压,其联结示意图如图 3-26 所示。

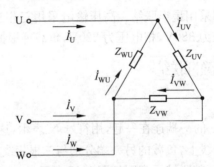

图 3-26 负载三角形联结的三相电路

当相电流对称时,线电流也是对称的,线电流的大小是相电流的 $\sqrt{3}$ 倍,在相位上线电流分别滞后于相应的相电流 30°,即

$$I_l = \sqrt{3} I_p$$

$$\begin{cases} \dot{I}_U = \sqrt{3} \dot{I}_{UV} \angle -30° \\ \dot{I}_V = \sqrt{3} \dot{I}_{VW} \angle -30° \\ \dot{I}_W = \sqrt{3} \dot{I}_{WU} \angle -30° \end{cases} \tag{3-76}$$

当三相负载不对称时,则线电流与相电流之间不存在上述数值关系和相位关系。

三相负载如何联结要视电源电压和负载额定电压的情况而定。例如,对于线电压为 380V 的三相电源,当三相电动机每相绕组的额定电压为 220V 时,应接成星形;若其额定电

压为380V,应接成三角形。而照明负载一般都接成星形,且要求有中线。

## 3.5.4 三相电路的功率计算与测量

**1. 三相电路功率的计算**

不论负载是星形联结还是三角形联结,消耗的有功功率总是等于各相负载消耗的有功功率之和,即:

$$P = P_U + P_V + P_W = U_U I_U \cos\varphi_U + U_V I_V \cos\varphi_V + U_W I_W \cos\varphi_W \tag{3-77}$$

当三相负载对称时,各相有功功率相同,设每相有功功率为 $P_p$,相电压为 $U_p$,相电流为 $I_p$,相电压和相电流的相位差为 $\varphi$,则三相有功功率为

$$P = 3P_p = 3U_p I_p \cos\varphi \tag{3-78}$$

因为三相电路中测量线电压和线电流比较方便,所以三相功率通常不用相电压和相电流表示,而用线电压 $U_l$ 和线电流 $I_l$ 表示。通常所说的三相电压和三相电流都是指线电压和线电流值。当负载为星形联结时,$U_p = U_l/\sqrt{3}$,$I_p = I_l$;三角形联结时,$U_p = U_l$,$I_p = I_l/\sqrt{3}$。因而两种情况下,都有

$$P = 3U_p I_p \cos\varphi = \sqrt{3} U_l I_l \cos\varphi \tag{3-79}$$

这表明,三相负载不论是星形联结还是三角形联结,只要三相对称,其有功功率表达式均为式(3-79)。注意式(3-79)中的 $\varphi$ 是相电压和相电流的相位差,而不是线电压和线电流间的相位差。它只决定于负载的性质,而与负载的联结方式无关。

同样,对称三相负载的无功功率也等于各相负载无功功率的代数和,即:

$$P = 3U_p I_p \sin\varphi = \sqrt{3} U_l I_l \sin\varphi \tag{3-80}$$

对称三相负载的总视在功率可表示为

$$S = \sqrt{P^2 + Q^2} = \sqrt{3} U_l I_l \tag{3-81}$$

**2. 三相电路功率的测量**

交流电路中功率的测量通常使用功率表,其结构如图 3-27(a)所示。功率表有两个线圈,分别反映电路中的电压和电流。固定线圈称为电流线圈;套在固定线圈中间的可动线圈是电压线圈。

当电流线圈和电压线圈中分别通入电流 $i_1$ 和 $i_2$ 时,可动线圈受力偏转,指针的偏转角为 $\alpha$。

$$\alpha = K I_1 I_2 \cos\varphi \tag{3-82}$$

式中:$I_1$、$I_2$ 分别为电流线圈和电压线圈中电流的有效值;$\varphi$ 为两电流之间的相位差;$K$ 为比例系数。

由于电压线圈上串有一个阻值很大的倍压电阻 $R_V$,可认为通过电压线圈的电流与电压线圈的电压同相。

$$\alpha = K' UI \cos\varphi = K' P \tag{3-83}$$

由此可知,功率表指针的偏转角与负载消耗的有功功率成正比。如果将功率表两个线圈中的一个反接,指针就会反向偏转。通常在两个线圈的始端标以"*"号或"±"号,测量时这两端应接在一起,如图 3-27(b)所示。

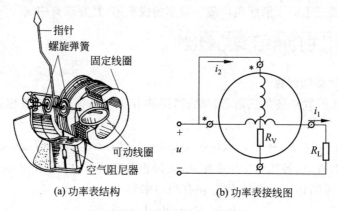

(a) 功率表结构　　　(b) 功率表接线图

图 3-27　交流电路中的功率测量

(1) 一表法

如图 3-28 所示的一表法仅适用于三相四线制负载对称系统中的三相功率测量。此时表中读数为单相功率 $P_1$，由于三相功率相等，因此，三相功率为

$$P = 3P_1 \tag{3-84}$$

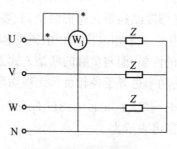

图 3-28　一表法连接

(2) 二表法

二表法连接如图 3-29 所示。

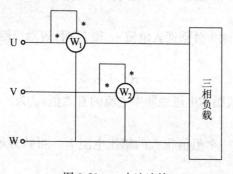

图 3-29　二表法连接

在三相三线制电路中，不论负载是星形联结还是三角形联结，也不论负载是否对称，都可采用二表法。由于 $i_U + i_V + i_W = 0$，三相电路的瞬时功率为

$$p = u_U i_U + u_V i_V + u_W i_W$$
$$= u_U i_U + u_V i_V + u_W(i_U - i_V)$$
$$= (u_U - u_W)i_U + (u_V - u_W)i_V$$
$$= u_{UW} i_U + u_{VW} i_V$$
$$= p_1 + p_2 \tag{3-85}$$

三相功率可以用两个功率表测量得出,各功率表的读数分别为

$$\begin{cases} P_1 = \dfrac{1}{T}\displaystyle\int_0^T u_{AC} i_A \mathrm{d}t = U_{AC} I_A \cos\alpha \\ P_2 = \dfrac{1}{T}\displaystyle\int_0^T u_{BC} i_B \mathrm{d}t = U_{BC} I_B \cos\beta \end{cases} \tag{3-86}$$

式中：$\alpha$ 为 $u_{UW}$ 与 $i_U$ 之间的相位差；$\beta$ 为 $u_{VW}$ 与 $i_V$ 之间的相位差。

(3) 三表法

三表法连接如图 3-30 所示。

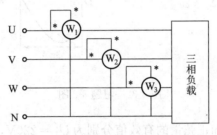

图 3-30　三表法连接

三表法适用于三相四线制负载对称和不对称系统的三相功率测量。三相功率 $P$ 等于各相功率表中读数之和，即：

$$P = P_1 + P_2 + P_3 \tag{3-87}$$

# 习　　题

**3-1**　在选定的参考方向下，已知正弦量的解析式为 $u = 311\sin(314t + 200°)$ (V)，试求该正弦量的三要素。

**3-2**　已知选定参考方向下正弦量的波形图如图 3-31 所示，试写出正弦量的解析式。

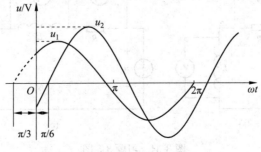

图 3-31　习题 3-2 图

**3-3** 分别写出图 3-32 中各电流 $i_1$、$i_2$ 的相位差,并说明 $i_1$ 与 $i_2$ 的相位关系。

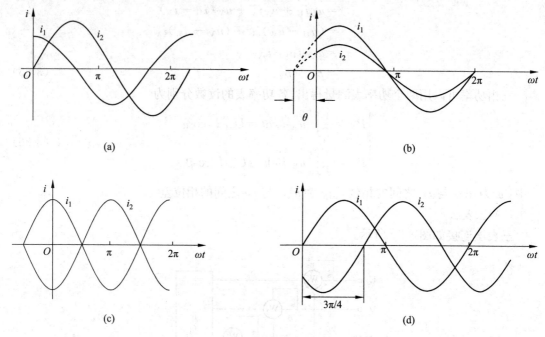

图 3-32　习题 3-3 图

**3-4** 在图 3-33 中,已知正弦量的有效值分别为 $U_1=220\text{V}$,$U_2=110\sqrt{2}\text{V}$,$I=10\text{A}$,频率 $f=50\text{Hz}$。试写出各正弦量的瞬时值表达式及其相量表达式。

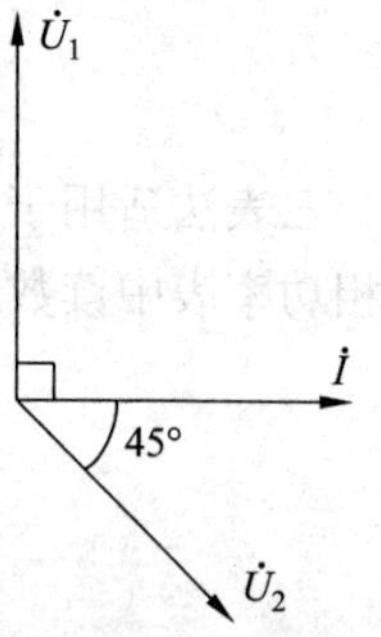

**3-5** 在图 3-34(a)中,电压表的读数分别为 $V_1=30\text{V}$,$V_2=40\text{V}$;在图 3-34(b)中的读数分别为 $V_1=15\text{V}$,$V_2=80\text{V}$,$V_3=100\text{V}$。求图中 $u_S$ 的有效值。

**3-6** 在图 3-35 所示电路中,若 $u=10\sin\omega t$,$R=3\Omega$,$X_L=4\Omega$,试求:电感元件上的电压 $u_L$。

**3-7** 在图 3-36 所示电路中,若 $R=40\text{k}\Omega$,$C=4\mu\text{F}$,$u=10\sqrt{2}\sin(10^3 t+30°)(\text{V})$,试求:电流 $i$,并画出相量图。

图 3-33　习题 3-4 图

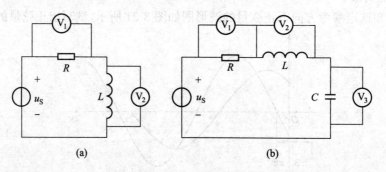

图 3-34　习题 3-5 图

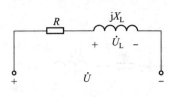

图 3-35　习题 3-6 图

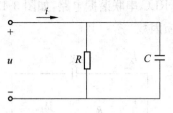

图 3-36　习题 3-7 图

**3-8**　在图 3-37 所示电路中，已知 $R_1=4\Omega, X_L=3\Omega, R_2=6\Omega, X_C=8\Omega$，电源电压的有效值 $U=10\text{V}$，试求：(1)电路的等效阻抗；(2)各支路电流。

**3-9**　在图 3-38 所示电路中，$\dot{I}_1=\dot{I}_2=10\text{A}$，求 $\dot{I}$ 和 $\dot{U}$。

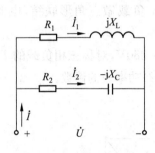

图 3-37　习题 3-8 图

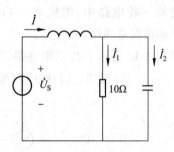

图 3-38　习题 3-9 图

**3-10**　在图 3-39 所示电路中，已知 $\dot{I}_S=2\underline{/0°}$ A，求电压 $\dot{U}$。

**3-11**　在图 3-40 所示电路中，若 $u=220\sqrt{2}\sin 314t\,(\text{V})$，$R=4.8\Omega$，$C=50\mu\text{F}$。试求：电路的等效阻抗 $Z$、电流 $I$ 和有功功率 $P$。

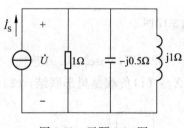

图 3-39　习题 3-10 图

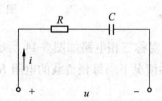

图 3-40　习题 3-11 图

**3-12**　在图 3-41 所示电路中，已知 $U=220\text{V}, R=6\Omega, X_L=8\Omega, X_C=20\Omega$，试求：电路总电流 $I$、支路电流 $I_1$ 和 $I_2$、线圈支路的功率因数 $\lambda_1$、整个电路的功率因数 $\lambda$。

**3-13**　现将一个感性负载接于 100V、50Hz 的交流电源时，电路中的电流为 10A，消耗的功率为 800W，试求：负载的功率因数 $\cos\varphi$、$R$、$L$。

**3-14**　有一个感性负载，额定功率 $P_N=60\text{kW}$，额定电压 $U_N=380\text{V}$，额定功率因数 $\lambda=0.6$。现接到 50Hz、380V 的交流电源上工作。试求：负载的电流、视在功率和无功功率。

**3-15** RLC 串联谐振电路,如图 3-42 所示,已知 $U=20\text{V}$, $I=2\text{A}$, $U_C=80\text{V}$。试求:电阻 $R$ 和品质因数。

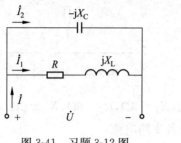

图 3-41 习题 3-12 图

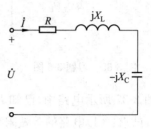

图 3-42 习题 3-15 图

**3-16** 对称三相电路中,阻抗 $Z=(10+\text{j}10)\Omega$,负载做三角形联结,电源线电压为 380V,试求三相负载总功率。

**3-17** 如图 3-43 所示对称三相电路,线电压 $U_L=380\text{V}$,对称三相负载的 $P=5\text{kW}$,功率因数为 $\cos\varphi=0.75$,试求:(1)线电流和相电流;(2)功率表的读数。

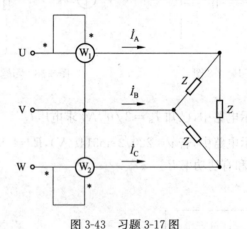

图 3-43 习题 3-17 图

**3-18** 对称三相电路如图 3-44 所示,已知 $P=3290\text{W}$,$\cos\varphi=0.5$(感性),$U_L=380\text{V}$,在下述两种情况下求每相负载的电阻 $R$ 和感抗 $X_L$:(1)负载是星形联结;(2)负载是三角

形联结。

**3-19** 对称三相星形联结负载,每相阻抗为$(3+j4)\Omega$,接在对称三相电源上,已知线电压为$380\sqrt{2}\cos(\omega t+30°)(\text{V})$,试求负载相电压、相电流及三相总功率。

**3-20** 某一发电厂$10^5$kW机组发电机,其额定运行数据:线电压为10.5kV,三相总有功功率为$10^5$kW,功率因数为0.8。试求其线电流、总无功功率及视在功率。

# 一阶电路的暂态分析

暂态过程是电路的一种特殊过程,持续时间一般很短暂,但在实际工作中却极为重要。本章介绍电路暂态过程分析的有关概念和定律,重点分析 RC 和 RL 一阶线性电路的暂态过程,由 RC 电路的暂态过程归纳出了一阶电路暂态分析的三要素法。

## 4.1 暂态分析的基本概念及换路定律

### 4.1.1 暂态分析的基本概念

暂态分析的基本概念是分析暂态过程的基础,理解这些概念能更好地理解电路的暂态过程。

**1. 稳态**

在前面几章的讨论中,电路中的电压或电流都是某一稳定值(对于交流电,是指其幅值达到稳定),这种状态称为电路的稳定状态,简称稳态。

**2. 换路**

当电路中的工作条件发生变化时,如电路在接通、断开、改接、元件参数等发生突变时,都会引起电路工作状态的改变,就有可能过渡到另一种稳定状态。把上述引起电路工作状态发生变化的情况称为电路的换路。

**3. 暂态**

换路后,电路由原来的稳定状态转换到另一个稳定状态。这种转换不是瞬间完成的,而是有一个过渡过程,电路在过渡过程中所处的状态称为暂态。

**4. 激励**

激励又称输入,是指从电源输入的信号。激励按类型不同,可以分为直流激励、阶跃信号激励、冲击信号激励以及正弦激励。

**5. 响应**

电路在内部储能或者外部激励的作用下,产生的电压和电流统称为响应。按照产生响应原因的不同,响应又可以分为以下三种。

(1) 零输入响应:零输入响应就是电路在无外部激励时,只是由内部储能元件中初始储能而引起的响应。

(2) 零状态响应：零状态响应就是电路换路时储能元件在初始储能为零的情况下，由外部激励所引起的响应。

(3) 全响应：在换路时，储能元件初始储能不为零的情况下，再加上外部激励所引起的响应。

### 6. 一阶电路

电路中只含有一个储能元件或等效为一个储能元件的线性电路，其 KVL 方程为一阶微分方程，这类电路称为一阶电路，它包括 RC 电路和 RL 电路。

尽管暂态过程时间短暂，但它是客观存在的物理现象，在实际应用中极为重要。一方面，可以利用暂态过程有利的一面，如在电子技术中利用它来产生波形（锯齿波、三角波等）。另一方面，也要避免它有害的一面，如在暂态过程中可能会出现过电压或过电流，会损坏元器件和电气设备。因此，研究暂态过程可以掌握它的规律，以便利用它有利的一面，避免不利的一面。

## 4.1.2 换路定律

换路定律是电路暂态分析中的主要定律，它是求解电容电压和电感电流初始值的主要依据。

电路的换路是产生暂态过程的外因，而要产生暂态过程，必须有储能元件——电感或电容。当换路时，含有储能元件的电路的稳定状态发生了变化，电感和电容中的储能也要发生变化，但能量不能突变。这就意味着流过电感的电流和电容两端的电压不能突变，这一规律称为电路的换路定律。

若 $t=0_-$ 表示换路前终了瞬间，$t=0_+$ 表示换路后初始瞬间，则换路定律可以用公式表示为

$$u_C(0_+)=u_C(0_-), \quad i_L(0_+)=i_L(0_-) \tag{4-1}$$

电路中各元件的初始值按以下步骤计算确定。

(1) 根据换路前的稳态电路求出换路前的电容电压和电感电流。

(2) 应用换路定律得到 $u_C(0_+)$、$i_L(0_+)$。

(3) 做出 $t=0_+$ 时刻的等效电路。

在 $t=0_+$ 时刻的等效电路中，电容视为恒压源，其电压为 $u_C(0_+)$。如果 $u_C(0_+)=0$，电容元件视为短路。电感视为恒流源，其电流为 $i_L(0_+)$。如果 $i_L(0_+)=0$，电感元件视为开路。

(4) 应用电路的基本定律和基本分析方法，在 $t=0_+$ 时刻的等效电路中计算其他元件的电压和电流的初始值。

**例 4-1** 在图 4-1(a)所示电路中，开关 S 闭合前电路已处于稳态，试确定 S 闭合后电压 $u_C$ 和电流 $i_C$、$i_1$、$i_2$ 的初始值。

**解**：由换路定律得

$$u_C(0_+)=u_C(0_-)=3\times 2=6(V), \quad i_2(0_+)=\frac{u_C(0_+)}{4}=\frac{6}{4}=1.5(A)$$

画出 $t=0_+$ 时的等效电路，如图 4-1(b)所示，可得

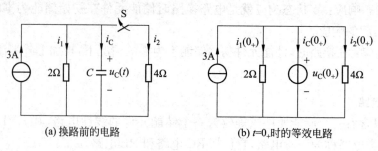

(a) 换路前的电路   (b) $t=0_+$时的等效电路

图 4-1　例 4-1 电路

$$i_1(0_+) = \frac{u_C(0_+)}{2} = \frac{6}{2} = 3(\text{A})$$

$$i_C(0_+) = 3 - i_1(0_+) - i_2(0_+) = 3 - 3 - 1.5 = -1.5(\text{A})$$

## 4.2　一阶 RC 电路的暂态分析

本节将通过最简单的一阶 RC 电路来分析其响应，也就是研究 RC 电路的充、放电规律。

### 4.2.1　RC 电路的零输入响应

在图 4-2(a)所示 RC 一阶电路中，换路前开关 S 合在"1"处，RC 电路与直流电源连接，电源通过电阻 R 对电容器充电至 $U_0$，$t=0$ 时换路，即将开关 S 转换到"2"处，试分析换路后 $u_C$、$i_C$ 的变化规律。

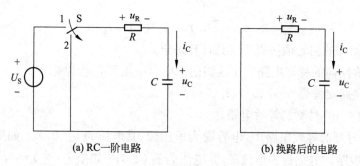

(a) RC一阶电路　　　(b) 换路后的电路

图 4-2　RC 电路的零输入响应

因为换路后的电路外部激励为零，内部储能元件电容换路前有初始储能，所以该电路的响应为零输入响应。分析 RC 电路的零输入响应也就是分析其放电规律。

换路后的电路如图 4-2(b)所示，由 KVL 可得：

$$u_C + u_R = 0 \tag{4-2}$$

由于 $u_R = Ri$，将 $i_C = C\dfrac{du_C}{dt}$ 代入式(4-2)得微分方程：

$$RC\frac{du_C}{dt} + u_C = 0 \quad \text{或} \quad \frac{du_C}{dt} + \frac{u_C}{RC} = 0 \tag{4-3}$$

这是一个一阶常系数线性齐次微分方程,它的通解为
$$u_C = Ae^{pt} \tag{4-4}$$
式中:$A$ 和 $p$ 为待定系数,$A$ 为常数,$p$ 为该微分方程特征方程的根。

将通解代入微分方程式,得
$$RCpAe^{pt} + Ae^{pt} = 0$$
整理后得到如下特征方程:
$$RCp + 1 = 0$$
特征根为
$$p = -\frac{1}{RC}$$
再来求常数 $A$,可由初始条件确定,由题意知换路前电容电压:
$$u_C(0_-) = U_0$$
根据换路定律得
$$u_C(0_+) = u_C(0_-) = U_0$$
令 $t = 0$,将其代入微分方程的通解得
$$A = u_C(0_+) = U_0$$
将 $p$ 和 $A$ 的结果代入方程的通解得
$$u_C = U_0 e^{-\frac{t}{RC}} \quad \text{或} \quad u_C = u_C(0_+) e^{-\frac{t}{RC}} \tag{4-5}$$
其随时间变化的曲线如图 4-3(a)所示。由图可见,它的初始值为 $U_0$,按指数规律衰减至零。

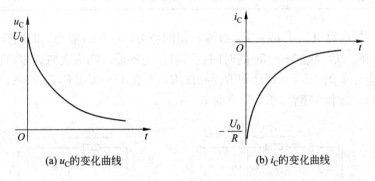

(a) $u_C$ 的变化曲线　　(b) $i_C$ 的变化曲线

图 4-3　RC 电路的零输入响应曲线

由 $i_C = C\dfrac{du_C}{dt}$,可求出 $i_C$ 的变化规律:
$$i_C = C\frac{du_C}{dt} = -\frac{U_0}{R}e^{-\frac{t}{RC}} \tag{4-6}$$
其随时间变化的曲线如图 4-3(b)所示。由图可见,它的初始值为 $-\dfrac{U_0}{R}$,按指数规律衰减至零。

通过分析 $u_C$、$i_C$ 的变化规律可见,电路中各处的电压和电流均按指数规律变化。当暂态过程结束时,电路处于稳定状态,这时电容端电压 $u_C$ 和电流 $i_C$ 的稳态值均为零。暂态过

程进行得快慢取决于电路参数 $R$ 和 $C$ 的乘积。

令 $\tau=RC$，其中，$R$ 的单位是欧姆($\Omega$)，$C$ 的单位是法拉(F)，$\tau$ 的单位是秒(s)。因为它具有时间的量纲，所以称它为电路的时间常数，它仅由电路的结构和元件参数的大小决定，而与换路情况和外加电压无关。

当 $t=0$ 时，$u_C=U_0$。

当 $t=\tau$ 时，$u_C=U_0 e^{-1}=0.368U_0$。

可见，时间常数 $\tau$ 等于电压 $u_C$ 衰减到初始值的 33.8% 所需要的时间，如图 4-4 所示。

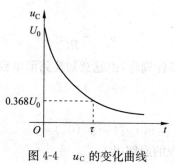

图 4-4　$u_C$ 的变化曲线

同样，也可列出其他时刻 $u_C$ 的数值，见表 4-1。

表 4-1　$\tau$ 与 $u_C$ 的关系

| $t$ | 0 | $\tau$ | $2\tau$ | $3\tau$ | $4\tau$ | $5\tau$ | … |
|---|---|---|---|---|---|---|---|
| $u_C$ | $U_0$ | $0.368U_0$ | $0.135U_0$ | $0.05U_0$ | $0.018U_0$ | $0.0067U_0$ | … |

从理论上讲，电容电压从 $u_C=U_0$ 过渡到新的稳态($u_C=0$)需要的时间为无穷大，但由表 4-1 可以看出，一般经过 $3\tau\sim5\tau$ 的时间就可以认为零输入响应衰减到零，暂态过程结束。

**例 4-2**　电路如图 4-5 所示，已知 $R_1=6\Omega$, $R_2=3\Omega$, $C=0.01F$, $I_S=3A$，S 闭合前电路处于稳态，在 $t=0$ 时，S 闭合，求 $t\geqslant0$ 时 $i_C$、$i_1$、$i_2$。

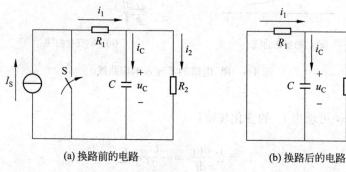

图 4-5　例 4-2 电路图

**解**：(1) $t=0_-$ 时，电容可视为开路，可得：

$$u_C(0_-)=I_S R_2=3\times3=9(\text{V})$$

由换路定律得：

$$u_C(0_+) = u_C(0_-) = 9(\text{V})$$

(2) 换路后的电路如图4-5(b)所示。电路的时间常数：

$$\tau = RC = \frac{R_1 R_2}{R_1 + R_2} C = 2 \times 0.01 = 0.02(\text{s})$$

则由 RC 电路的零输入响应的通解得：

$$u_C = 9\text{e}^{-50t}\ (\text{V})$$

则有

$$i_C = C\frac{\text{d}u_C}{\text{d}t} = -4.5\text{e}^{-50t}\ (\text{A})$$

$$i_1 = -\frac{u_C}{R_1} = -1.5\text{e}^{-50t}\ (\text{A})$$

$$i_2 = \frac{u_C}{R_2} = 3\text{e}^{-50t}\ (\text{A})$$

### 4.2.2 RC 电路的零状态响应

在图4-6所示 RC 一阶电路中，换路前，开关 S 断开，电容无储能。$t=0$ 时换路，换路后，S 闭合，RC 电路与直流电源连接，试分析换路后 $u_C$、$i_C$ 的变化规律。

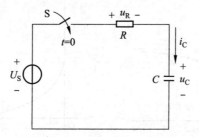

图4-6 RC 电路的零状态响应

因为换路前电容无初始储能，即电路中储能元件的初始值为零，电路的响应是由电源激励所产生的，所以该电路的响应为零状态响应。分析 RC 电路的零状态响应也就是分析其充电规律。

换路后，电压源通过电阻 $R$ 向电容 $C$ 充电，电容上的电压 $u_C$ 将从初始值逐渐过渡到某一个稳态值。由图4-6中所示参考方向，根据 KVL 得：

$$u_C + u_R = U_S$$

由于 $u_R = Ri_C$，将 $i = C\frac{\text{d}u_C}{\text{d}t}$ 代入上式得微分方程：

$$RC\frac{\text{d}u_C}{\text{d}t} + u_C = U_S \quad \text{或} \quad \frac{\text{d}u_C}{\text{d}t} + \frac{u_C}{RC} = \frac{U_S}{RC}$$

这是一个一阶常系数线性非齐次微分方程，它通解得一般形式为

通解＝齐次微分方程通解＋特解

其中，齐次微分方程通解即为上面所讨论的 $A\text{e}^{pt}$，特解是非齐次微分方程的一个特殊解，可以取换路后的稳态值。由题意可以得出，换路后的稳态值为 $U_S$，故非齐次微分方程的通

解为

$$u_C = Ae^{pt} + U_S$$

其中，$p$ 为该齐次微分方程的特征根。

$$p = -\frac{1}{RC}$$

积分常数 $A$ 仍由初始值确定，将初始条件 $t=0$ 时，$u_C=0$ 代入非齐次微分方程的通解，得：

$$A = -U_S$$

于是，求得零状态响应为

$$u_C = -U_S e^{-\frac{t}{RC}} + U_S = U_S(1 - e^{-\frac{t}{RC}}) \tag{4-7}$$

其中，$U_S$ 为 $t \to \infty$ 时电容两端电压 $u_C(\infty)$，零状态响应又可写为

$$u_C = U_S(1 - e^{-\frac{t}{RC}}) = u_C(\infty)(1 - e^{-\frac{t}{RC}})$$

则

$$i_C = C\frac{du_C}{dt} = \frac{U_S}{R}e^{-\frac{t}{RC}} \tag{4-8}$$

它们的变化曲线如图 4-7 所示。

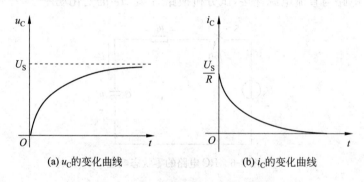

(a) $u_C$ 的变化曲线    (b) $i_C$ 的变化曲线

图 4-7  RC 电路的零状态响应曲线

**例 4-3**  在图 4-6 中，已知 $R=2\Omega$，$C=4\mu F$，$U_S=10V$，当 $t=0$ 时，开关 S 闭合，换路前电容初始储能为零，试求开关闭合后 $u_C$、$i_C$ 的变化规律。

**解**：换路前 $C$ 无初始储能，故

$$u_C(0_+) = u_C(0_-) = 0$$

换路后根据 KVL 得

$$u_C + u_R = U_S$$

即

$$RC\frac{du_C}{dt} + u_C = U_S$$

求得

$$u_C = U_S(1 - e^{-\frac{t}{RC}}) = 10(1 - e^{-125 \times 10^3 t})$$

$$i_C = \frac{U_S}{R}e^{-\frac{t}{RC}} = 5e^{-125 \times 10^3 t}$$

分析复杂一些电路的暂态过程时,还可以应用戴维南定理将换路后的电路简化为一个简单电路,步骤如下。

(1) 将储能元件电容或电感(其余部分为二端网络)用戴维南定理等效成电压源和电阻串联的形式。

(2) 求等效电源电压 $E$ 和等效内阻 $R_{eq}$。

(3) 计算电路的时间常数。

(4) 将所得数据代入相关公式,如式(4-7)和式(4-8)。

**例 4-4** 在图 4-8(a)所示电路中,设电容的初始电压为零,在 $t=0$ 时开关 S 闭合,试求此后的 $u_C$、$i_C$。

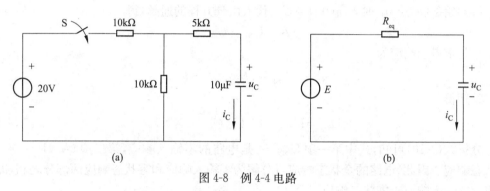

图 4-8 例 4-4 电路

**解**:已知 $u_C(0_-)=0$,开关在 $t=0$ 时合上,电路的响应是零状态响应,首先利用戴维南定理对电路进行化简,可得

$$等效电源电压为 E = \frac{20}{10+10} \times 10 = 10 \text{(V)}$$

$$等效内阻为 R_{eq} = 5 + \frac{10 \times 10}{10+10} = 10 \text{(k}\Omega\text{)}$$

等效后的电路如图 4-8(b)所示。

$$时间常数为 \tau = R_{eq}C = 10 \times 10^3 \times 10 \times 10^{-6} = 0.1 \text{(s)}$$

因此,得

$$u_C = E(1-e^{10t}) = 10(1-e^{-10t}) \text{(V)}$$

$$i_C = C \frac{du_C}{dt} = e^{-10t} \text{(mA)}$$

### 4.2.3 RC 电路的全响应

在图 4-9 所示 RC 一阶电路中,换路前开关 S 合在 "1"处,RC 电路与直流电源 $U_{S1}$ 连接,而且电路已稳定,$t=0$ 时换路,即将开关 S 转换到"2"处,RC 电路与直流电源 $U_{S2}$ 连接,设电容的电压和电流方向为关联参考方向,试分析换路后 $u_C$、$i_C$ 的变化规律。

由于换路前电路已稳定,电容已有储能。换路后电路由电压源 $U_{S2}$ 激励,所以该电路的响应为全响应。

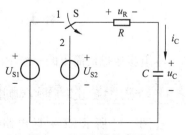

图 4-9 RC 电路的全响应

在 $t \geqslant 0$ 时，由 KVL 得：

$$u_C + u_R = U_{S2}$$

由于 $u_R = Ri_C$，将 $i_C = C\dfrac{du_C}{dt}$ 代入上式得微分方程：

$$RC\frac{du_C}{dt} + u_C = U_{S2} \quad \text{或} \quad \frac{du_C}{dt} + \frac{u_C}{RC} = \frac{U_{S2}}{RC}$$

求解的步骤和零状态响应是一样的，但电路的初始条件不同，会影响常数 $A$ 的数值。该微分方程的通解为

$$u_C = Ae^{-\frac{t}{RC}} + U_{S2} \tag{4-9}$$

将初始条件 $t = 0_+$ 时，$u_C(0_+) = U_{S1}$ 代入微分方程的通解，得

$$A = U_{S1} - U_{S2}$$

于是求得全响应为

$$u_C = (U_{S1} - U_{S2})e^{-\frac{t}{RC}} + U_{S2}$$

整理得

$$u_C = U_{S1}e^{-\frac{t}{RC}} + U_{S2}(1 - e^{-\frac{t}{RC}}) \tag{4-10}$$

分析式(4-10)可知，式中第一项 $U_{S1}e^{-\frac{t}{RC}}$ 是电路的零输入响应，第二项 $U_{S2}(1-e^{-\frac{t}{RC}})$ 是零状态响应。因此，电路的全状态响应可分解为零输入响应和零状态响应两部分之和，即全响应＝零输入响应＋零状态响应。

由 $u_C$ 可以求出 $i_C$ 的响应：

$$i_C = C\frac{du_C}{dt} = \left(-\frac{U_{S1}}{R} + \frac{U_{S2}}{R}\right)e^{-\frac{t}{RC}} \tag{4-11}$$

$u_C$ 的变化曲线如图 4-10 所示。

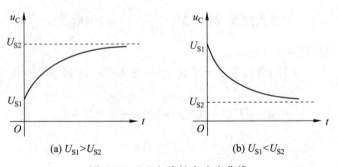

图 4-10  RC 电路的全响应曲线

## 4.3 一阶 RL 电路的暂态分析

本节将通过最简单的一阶 RL 电路来分析其响应，即研究 RL 电路的充、放电规律。

### 4.3.1 RL 电路的零输入响应

在图 4-11 所示 RL 一阶电路中，$t = 0$ 时换路，将开关 S 闭合，试分析换路后 $i_L$、$u_L$ 的变化规律。

因为换路后的电路外部激励为零，内部储能元件电感换路前有初始储能，所以该电路的响应为零输入响应。分析 RL 电路的零输入响应也就是分析其放电规律。

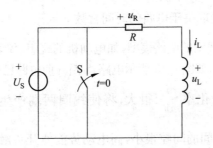

图 4-11　RL 电路的零输入响应

设电感的电压和电流关联参考，换路后，由 KVL 可得：

$$u_L + u_R = 0 \tag{4-12}$$

由于 $u_R = Ri_L$，将 $u_L = L\dfrac{di_L}{dt}$ 代入式(4-12)得微分方程：

$$\dfrac{L}{R}\dfrac{di_L}{dt} + i_L = 0 \quad 或 \quad \dfrac{di_L}{dt} + \dfrac{R}{L}i_L = 0 \tag{4-13}$$

此方程与电容放电的微分方程形式相同，参照其解法可求得结果 $i_L$，进而求得 $u_L$。

$$i_L = \dfrac{U_S}{R}e^{-\frac{t}{\tau}}$$

其中，$\dfrac{U_S}{R}$ 为 $t \to \infty$ 时通过电感的电流 $i_L(\infty)$，零状态响应又可写为

$$i_L = \dfrac{U_S}{R}e^{-\frac{t}{\tau}} = i_L(\infty)e^{-\frac{t}{\tau}} \tag{4-14}$$

则

$$u_L = L\dfrac{di_L}{dt} = -U_S e^{-\frac{t}{\tau}} \tag{4-15}$$

其中，$\tau = \dfrac{L}{R}$。

$\tau$ 也具有时间的量纲，是 RL 电路的时间常数。$\tau$ 越大，$i_L$ 和 $u_L$ 衰减得越慢。$i_L$ 及 $u_L$ 随时间变化的曲线如图 4-12 所示。

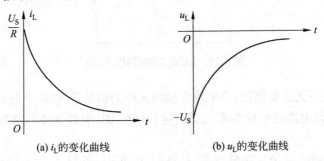

(a) $i_L$ 的变化曲线　　　　(b) $u_L$ 的变化曲线

图 4-12　RL 电路的零输入响应曲线

可见，电感电流与电容电压的衰减规律是一样的，都是按指数规律由初始值逐渐衰减直到趋于零。而电感电压在换路瞬间会发生突变，由零突变到 $RI_S$，然后再按指数规律逐渐衰减到零。过渡过程的快慢取决于电路的时间常数 $\tau = \dfrac{L}{R}$。

RL 串联电路实际上是线圈的电路模型，如电动机的绕组、仪表的线圈等。在使用时常会遇到线圈从电源断开的问题，如图 4-13 所示电路，S 断开前电路已处于稳态。如果突然断开开关 S，这时电感中电流的变化率 $\dfrac{di_L}{dt}$ 很大，将使线圈两端产生很大的自感电动势 $e_L = -L\dfrac{di_L}{dt}$。由于开关两触头间的间隙很小，高电动势能使开关触点被击穿而产生电弧或火花，触头被烧坏。

为防止开断线圈电路时所产生的高压，常在电感线圈两端并联一个二极管。开关 S 断开前，二极管反向截止；开关 S 断开时，二极管导通，电感线圈中的电流通过二极管按指数规律放电，这样就避免了产生高压。

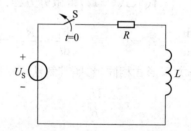

图 4-13 线圈从电源断开的电路模型

### 4.3.2 RL 电路的零状态响应

在图 4-14 所示 RL 一阶电路中，换路前电感无储能。$t=0$ 时换路，S 闭合，RL 电路与直流电源连接，试分析换路后 $i_L$、$u_L$ 的变化规律。

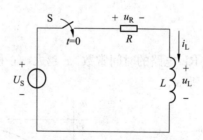

图 4-14 RL 电路的零状态响应

因为换路前电感无初始储能，即电路中储能元件的初始值为零，电路的响应是由电源激励所产生的，所以该电路的响应为零状态响应。分析 RL 电路的零状态响应也就是分析其充电规律。

设电感的电压和电流方向关联参考，换路后，由 KVL 可得：
$$u_L + u_R = U_S$$

由于 $u_R = Ri_L$，将 $u_L = L\dfrac{di_L}{dt}$ 代入上式得微分方程：

$$\frac{L}{R}\frac{di_L}{dt} + i_L = U_S \quad \text{或} \quad \frac{di_L}{dt} + \frac{R}{L}i_L = \frac{R}{L}U_S$$

此方程与电容充电的微分方程形式相同，参照电容充电的解法可求得结果 $i_L$，进而求得 $u_L$。

$$i_L = \frac{U_S}{R} - \frac{U_S}{R}e^{-\frac{t}{\tau}} \tag{4-16}$$

其中，$\dfrac{U_S}{R}$ 为 $t \to \infty$ 时通过电感的电流 $i_L(\infty)$，因此零状态响应又可写为

$$i_L = \frac{U_S}{R}(1 - e^{-\frac{t}{\tau}}) = i_L(\infty)(1 - e^{-\frac{t}{\tau}})$$

则

$$u_L = L\frac{di_L}{dt} = U_S e^{-\frac{t}{\tau}} \tag{4-17}$$

它们随时间变化的曲线如图 4-15 所示。

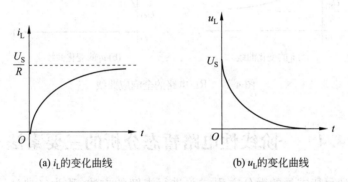

(a) $i_L$ 的变化曲线     (b) $u_L$ 的变化曲线

图 4-15  RL 电路的零状态响应曲线

可见，电感电流与电容电压的增长规律是一样的，都是按指数规律由初始值增加到稳定值。电感电压在换路瞬间会发生突变，由零突变到 $U_S$，然后再按指数规律逐渐衰减到零。过渡过程的快慢也取决于电路的时间常数 $\tau = \dfrac{L}{R}$。

### 4.3.3  RL 电路的全响应

在图 4-16 所示 RL 一阶电路中，换路前开关 S 合在"1"处，RL 电路与直流电压源 $U_{S1}$ 连接，而且电路已稳定，$t = 0$ 时换路，即将开关 S 转换到"2"处，RL 电路与直流电压源 $U_{S2}$ 连接，试分析换路后 $u_L$、$i_L$ 的变化规律。

由于换路前电路已稳定，电感已有储能。换路后电路由电压源 $U_{S2}$ 激励，所以该电路的响应为全响应。与求 RC 电路的全响应类似，RL 电路的全响应也等于零输入响应与零状态响应的叠加。由 RL 电路的零输入响应和零状态响应求得全响应为

$$i_L = \frac{U_{S1}}{R}e^{-\frac{t}{\tau}} + \frac{U_{S2}}{R}(1 - e^{-\frac{t}{\tau}}) = \frac{U_{S2}}{R} + \left(\frac{U_{S1}}{R} - \frac{U_{S2}}{R}\right)e^{-\frac{t}{\tau}} \tag{4-18}$$

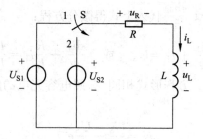

图 4-16 RL 电路的全响应

$$u_L = L\frac{di_L}{dt} = U_{S1}e^{-\frac{t}{\tau}} + U_{S2}e^{-\frac{t}{\tau}} \tag{4-19}$$

它们的变化曲线如图 4-17 所示。

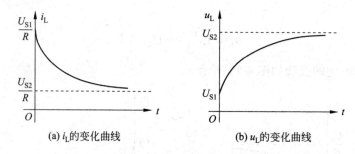

(a) $i_L$ 的变化曲线

(b) $u_L$ 的变化曲线

图 4-17 RL 电路的全响应曲线

## 4.4 一阶线性电路暂态分析的三要素法

应用 KVL 列写待求量的微分方程式并进行求解的方法,称为经典法。对于一个简单的一阶电路,可以应用经典的方法来求解,但对于结构复杂的一阶电路如果用经典法则显得比较麻烦,下面我们介绍一阶线性电路暂态分析常用的方法——三要素法。

总结 RC、RL 电路微分方程的求解过程,可以得出一阶电路暂态过程电压和电流解的形式是相同的,它们都由两部分组成。

$$u = u' + u'' \tag{4-20}$$

$$i = i' + i'' \tag{4-21}$$

其中,$u'$ 和 $i'$ 为非齐次微分方程的特解,它可以在电路处于稳定状态时求出,称为稳态分量。$u''$ 和 $i''$ 是对应齐次微分方程的通解,它具有确定的函数形式,记为 $Ae^{-\frac{t}{\tau}}$,随着暂态过程的结束,它将趋于零,称为暂态分量。

如果将待求的电压或电流用 $f(t)$ 表示,其初始值和稳态值分别为 $f(0_+)$ 和 $f(\infty)$,则其响应表示为

$$f(t) = f(\infty) + Ae^{-\frac{t}{\tau}} \tag{4-22}$$

在 $t = 0_+$ 时,有

$$f(0_+) = f(\infty) + A \tag{4-23}$$

得
$$A = f(0_+) - f(\infty) \tag{4-24}$$

因此，有
$$f(t) = f(\infty) + [f(0_+) - f(\infty)]e^{-\frac{t}{\tau}} \tag{4-25}$$

式中：$f(\infty)$、$f(0_+)$ 和 $\tau$ 称为一阶电路的三要素，求解时只要求出三个要素，就能直接求出电路的响应。

**例 4-5**  在图 4-18 所示电路中，换路前电路处于稳态，$t=0$ 时刻将开关 S 断开。试用三要素法计算换路后的电容电压 $u_C$ 和电流 $i_C$。

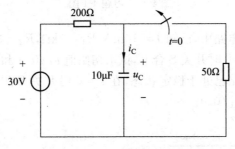

图 4-18　例 4-5 图

**解**：本题是求零状态响应，求电容电压 $u_C$ 和电流 $i_C$ 的变化规律。

(1) 先求 $u_C(0_+)$，换路前电容电压：
$$u_C(0_-) = 30 \times \frac{50}{200+50} = 6(\text{V})$$

由换路定律得
$$u_C(0_+) = u_C(0_-) = 6(\text{V})$$

(2) 再求 $u_C(\infty)$。$t \to \infty$ 时，电容视为开路，则：
$$u_C(\infty) = 30\text{V}$$

(3) 求时间常数 $\tau$。
$$\tau = R_{eq} \times C = 200 \times 10 \times 10^{-6} = 2 \times 10^{-3}(\text{s})$$

(4) 求 $u_C$、$i_C$

把上面的结果代入三要素公式：
$$u_C = u_C(\infty) + [u_C(0_+) - u_C(\infty)]e^{-\frac{t}{\tau}}$$

得：
$$u_C = u_C(\infty) + [u_C(0_+) - u_C(\infty)]e^{-\frac{t}{\tau}} = (30 - 24e^{-500t})(\text{V})$$
$$i_C = C\frac{du_C}{dt} = 10 \times 10^{-6} \times 24 \times 500 e^{-500t} = 0.12e^{-500t}(\text{A})$$

# 习　题

**4-1**　如图 4-19 所示的电路在换路前已处于稳态，在 $t=0$ 时合上开关 S，试求初始值 $i(0_+)$ 和稳态值 $i(\infty)$。

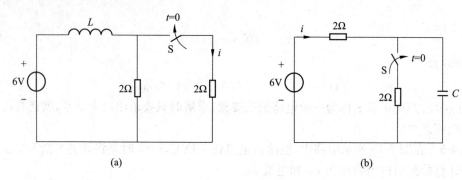

图 4-19 习题 4-1 图

**4-2** 在图 4-20 所示电路中,已知 $I=10\text{mA}, R_1=3\text{k}\Omega, R_2=3\text{k}\Omega, R_3=6\text{k}\Omega, C=2\mu\text{F}$,电路处于稳定状态,在 $t=0$ 时开关 S 合上,试求初始值 $u_C(0_+)$ 和 $i_C(0_+)$。

**4-3** 图 4-21 所示电路已处于稳定状态,在 $t=0$ 时开关 S 闭合,试求初始值 $u_C(0_+)$、$i_L(0_+)$、$u_R(0_+)$、$i_C(0_+)$、$u_L(0_+)$。

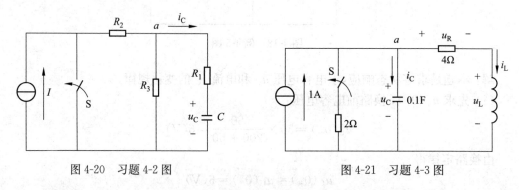

图 4-20 习题 4-2 图　　　　　　　图 4-21 习题 4-3 图

**4-4** 如图 4-22 所示电路,在 $t=0$ 时开关 S 由位置 1 合向位置 2,试求零输入响应 $u_C(t)$。

**4-5** 在图 4-23 所示电路中,设电容的初始电压为零,在 $t=0$ 时开关 S 闭合,试求此后的 $u_C(t)$、$i_C(t)$。

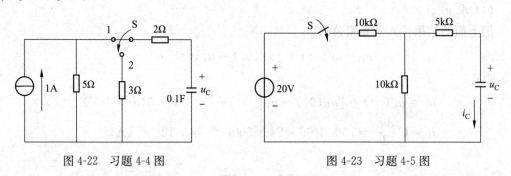

图 4-22 习题 4-4 图　　　　　　　图 4-23 习题 4-5 图

**4-6** 电路如图 4-24 所示,设电感的初始储能为零,在 $t=0$ 时开关 S 闭合,试求此后的 $i_L(t)$、$u_R(t)$。

**4-7** 电路如图 4-25 所示,开关 S 在位置 1 时电路处于稳定状态,在 $t=0$ 时开关 S 合向位置 2,试求此后的 $i_L(t)$、$u_L(t)$。

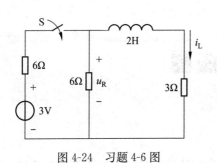

图 4-24　习题 4-6 图　　　　　　图 4-25　习题 4-7 图

**4-8**　在图 4-26 所示电路中,开关 S 闭合前电路处于稳定状态,在 $t=0$ 时开关 S 闭合,试用一阶电路的三要素法求 $i_1$、$i_2$、$i_L$。

**4-9**　在图 4-27 所示电路中,已知 $U_S=30\text{V}$、$R_1=60\Omega$、$R_2=R_3=40\Omega$、$L=6\text{H}$,开关 S 闭合前电路处于稳定状态,在开关 S 闭合时,试用一阶电路的三要素法求 $i_L$、$i_2$、$i_3$。

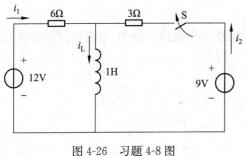

图 4-26　习题 4-8 图　　　　　　图 4-27　习题 4-9 图

# 第 5 章

# 磁路与变压器

本章主要介绍磁路与变压器的基本概念,利用安培环路定理推导出磁路欧姆定律,在此基础上分析变压器的结构及原理,并对变压器的实际应用进行介绍。

## 5.1 磁场与磁路

### 5.1.1 磁场的基本概念

磁场由电流产生,磁场的情况可形象地用磁感线来描述。例如,电流通过直导体时的磁场和电流通过线圈时的磁场,其磁感线如图 5-1 所示。

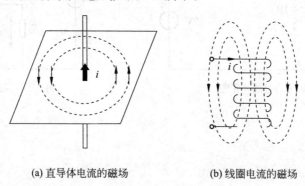

(a) 直导体电流的磁场　　　　(b) 线圈电流的磁场

图 5-1　电流的磁场

磁感线是闭合的曲线,且与电流交链,其方向与产生该磁场的电流方向符合右手螺旋定则。右手螺旋定则的用法:在图 5-1(a)中用右手大拇指表示电流的方向,其他四指的回转方向代表磁感线的方向;在图 5-1(b)中用右手四个手指的回转方向代表电流的方向,大拇指表示线圈内部磁感线的方向。

在对磁场进行分析和计算时,常用到以下物理量。

**1. 磁感应强度 B**

磁感应强度 $B$ 是表示磁场内某点磁场强弱和方向的物理量,它是一个矢量。如果磁场内各点的磁感应强度大小相等、方向相同,称之为均匀磁场。在 SI 中,磁感应强度 $B$ 的单位为特斯拉(T),简称特。

## 2. 磁通 Φ

在磁场中,垂直穿过某一面积的磁感线的条数称为穿过这一面积的磁通量,简称磁通。在均匀磁场中,磁感应强度 $B$ 与垂直于磁场方向的面积 $S$ 的乘积,称为通过该面积的磁通 $\Phi$,即

$$\Phi = BS \tag{5-1}$$

由此可见,磁感应强度 $B$ 在数值上等于与磁场方向垂直的单位面积上通过的磁通,所以磁感应强度又称为磁通密度。在 SI 中,磁通的单位是韦伯(Wb),简称韦。

## 3. 磁导率 $\mu$

磁导率 $\mu$ 是用来表征物质导磁能力的物理量,它的单位是 H/m(亨/米)。实验测出,真空(或空气)的磁导率是一个常数,为 $\mu_0 = 4\pi \times 10^{-7}$ H/m。其他物质的磁导率 $\mu$ 与真空的磁导率 $\mu_0$ 的比值,称为该物质的相对磁导率 $\mu_r$,即

$$\mu_r = \frac{\mu}{\mu_0} \tag{5-2}$$

## 4. 磁场强度 $H$

磁场强度 $H$ 是为了方便分析和计算磁路而引入的一个物理量,它也是一个矢量,反映的是电流产生的磁场中某点磁场的强弱和方向,而与磁场中有无磁介质无关。故定义为

$$H = \frac{B}{\mu} \quad \text{或} \quad B = \mu H \tag{5-3}$$

即磁场强度 $H$ 为磁场中某点的磁感应强度 $B$ 与磁导率 $\mu$ 的比值,它的单位是安/米(A/m)。

### 5.1.2 物质的磁性能

根据导磁性能的好坏,自然界的物质可分为两大类。一类称为磁性物质,如铁、钢、镍、钴等,这类材料的导磁性能好,磁导率 $\mu$ 值大,可以被强烈磁化;另一类为非磁性物质,如铜、铝、纸、空气等,此类材料的导磁性能差,磁导率 $\mu \approx \mu_0$,基本上不具有磁化的特性。

磁性物质的磁性能主要体现为高导磁性、磁饱和性和磁滞性。

1) 高导磁性

磁性物质具有很强的导磁能力,在外磁场的作用下,其内部的磁感应强度会大大增强,相对磁导率 $\mu_r$ 可达 $10^2 \sim 10^4$ 的数量级。这是因为在磁性物质的内部存在许多磁化小区,称为磁畴,在没有外磁场作用时,这些磁畴无规则排列,磁场相互抵消,对外不显示磁性。在一定强度的外磁场作用下,磁性物质内部的磁畴将顺着外磁场的方向转动;当外磁场逐渐增强,磁畴就逐渐转到与外磁场相同的方向,产生一个与外磁场同方向的附加磁场,使铁磁物质内的磁感应强度大大增强,如图 5-2 所示,这种现象称为磁化。

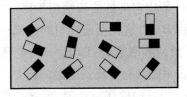
(a) 无外磁场作用
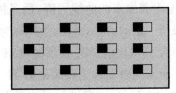
(b) 有外磁场作用

图 5-2 磁性物质的磁化

通电线圈中放入铁心后,磁场会大大增强,这时的磁场是线圈产生的磁场和铁心被磁化后产生的附加磁场的叠加。变压器、电机和各种电工设备的线圈中都放有铁心,在这种放有铁心的线圈中通入很小的励磁电流,便可产生足够大的磁感应强度和磁通。

非磁性物质由于其内部不存在磁畴结构,所以不具有磁化特性。

2) 磁饱和性

磁性物质由于磁化所产生的磁化磁场不会随着外磁场增强而无限地增强,当外磁场增强到一定数值时,磁化磁场的磁感应强度几乎不再增加,这种现象称为磁饱和现象。这是由于磁性物质内部的磁畴已经全部转至与外磁场相同的方向,磁性材料的磁化过程可由 B-H 曲线描述,称为磁性材料的磁化曲线。

磁化曲线可由实验测出,图 5-3 所示为某磁介质的磁化曲线,它大致上可分为四段,其中 $Oa$ 段的磁感应强度 $B$ 随磁场强度 $H$ 增加较慢;$ab$ 段的磁感应强度 $B$ 随磁场强度 $H$ 几乎成正比地增加;$b$ 点以后,$B$ 随 $H$ 的增加速度又减慢下来,逐渐趋于饱和;过了 $c$ 点以后,其磁化曲线近似于直线,且与真空或非铁磁物质的磁化曲线 $B_0 = f(H)$ 平行。工程上称 $a$ 点为附点,称 $b$ 点为膝点,称 $c$ 点为饱和点。

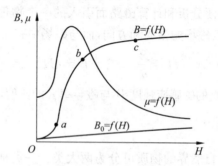

图 5-3 磁性物质的磁化曲线

由于磁性物质 $B$ 与 $H$ 的关系是非线性的,故由 $B = \mu H$ 的关系可知,其磁导率 $\mu$ 的数值将随磁场强度 $H$ 的变化而改变,如图 5-3 中的 $\mu = f(H)$ 曲线所示。磁性物质在磁化起始的 $Oa$ 段和进入饱和以后,$\mu$ 值均不大,在膝点 $b$ 的附近 $\mu$ 值达到最大。所以,电气工程上通常要求铁磁材料工作在膝点附近。

非磁性物质不具备磁化的性质,其磁导率为常数。

3) 磁滞性

当铁心线圈中通有交变电流时,铁心受到交变磁化。当电流变化一个周期,磁感应强度 $B$ 随磁场强度 $H$ 而变化的关系曲线如图 5-4 所示。由图可见,当磁场强度 $H$ 减小时,磁感应强度 $B$ 并不沿着原来的曲线回降,而是沿着一条比它高的曲线缓慢下降。当 $H = 0$ 时,而 $B \neq 0$,仍保留一定的磁性,此时的 $B$ 称为剩磁($B_r$)。这说明磁性材料内部已经排齐的磁畴不会完全恢复到磁化前杂乱无章的状态。要想使剩磁消失(即 $B = 0$),必须加入反向磁场。使 $B = 0$ 所需的磁场称为矫顽磁力 $H_c$,它表示磁性材料反抗退磁的能力。

若再反向增大磁场,则磁性材料将反向磁化;当反向磁场减小时,同样会产生反向剩磁($-B_r$)。随着磁场强度不断正反向变化,得到的磁化曲线为一条封闭曲线。在磁性材料反复磁化的过程中,磁感应强度的变化总是落后于磁场强度的变化,这种现象称为磁滞现象,

图 5-4 所示的封闭曲线称为磁滞回线。

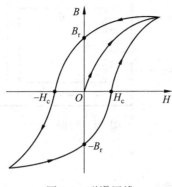

图 5-4 磁滞回线

永久磁铁的磁性就是由剩磁产生的。磁滞和剩磁现象的发生,是由于磁化过程的不可逆性。当外磁场强度降为零,各磁畴间的某种排列仍将保留下来,而表现为剩磁和磁滞现象。

磁性材料按其磁性能又可分为软磁材料、硬磁材料和矩磁材料三种类型。

软磁材料的剩磁和矫顽磁力较小,磁滞回线较窄,磁导率高,所包围的面积较小。它既容易磁化,又容易退磁,一般用于有交变磁场的场合,如用来制造镇流器、变压器、电动机以及各种中、高频电磁元件的铁心等。常见的软磁材料有硅钢片、铁镍合金、纯铁、铸铁、铸钢以及非金属软磁铁氧体等。

硬磁材料的剩磁和矫顽磁力较大,磁滞回线较宽,所包围的面积较大,适用于制作永久磁铁,如扬声器、耳机、电话机、录音机以及各种磁电式仪表中的永久磁铁都是由硬磁材料制成的。常见的硬磁材料有碳钢、钴钢及铁镍铝钴合金等。

矩磁材料的磁滞回线近似于矩形,具有较小的矫顽磁力和较大的剩磁,接近饱和磁感应强度,稳定性好。但由于矫顽磁力较小,易于翻转,常在计算机和控制系统中作记忆元件和开关元件,矩磁材料有镁锰铁氧体及某些铁镍合金等。

## 5.1.3 磁路的欧姆定律

在很多电工设备,如变压器、电动机中,为了获得较强的磁场,常采用导磁性能良好的磁性材料做成一定形状的铁心,将线圈绕在铁心上。当线圈中通过电流时,铁心即被磁化,这时通电线圈产生的磁通主要集中在由铁心构成的闭合路径内。工程上把这种主要由磁性物质所组成的、能使绝大部分磁通通过的路径称为磁路。利用铁心可以使磁通尽量集中在磁路内,使绝大部分磁通通过磁路而闭合,这部分磁通称为主磁通,用 $\Phi$ 表示。有少量磁通通过磁路周围的物质而闭合,这部分磁通称为漏磁通,用 $\Phi_\sigma$ 表示,如图 5-5 所示。

磁路的分析和计算同电路的分析和计算一样,可以通过一些基本定律来进行。磁路欧姆定律是由物理学的磁通连续性原理和全电流定律导出来的。全电流定律的数学表达式为

$$\oint \overline{H} \cdot \mathrm{d}l = \sum I \tag{5-4}$$

即在闭合曲线上磁场强度矢量 $H$ 沿整个回路 $l$ 的线积分等于穿过该闭合曲线所围曲面的电流的代数和。凡是电流方向和预先任取的闭合曲线循行的参考方向符合右手螺旋定则的

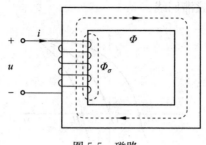

图 5-5 磁路

电流作为正,反之为负。

**1. 恒定磁通的磁路欧姆定律**

对于图 5-6 所示的具有铁心和空气隙的直流磁路,当励磁绕组中通入电流 $I$ 后,磁路中就产生磁通 $\Phi$。根据磁通连续性原理,通过铁心中的磁通必等于通过空气隙中的磁通。如果认为空气隙和铁心具有相同的截面积 $S$,那么两者中的磁感应强度 $B=\dfrac{\Phi}{S}$ 也必然相等。

但因为空气的 $\mu_0$ 远小于铁心的 $\mu$,故空气隙中的 $H_0=\dfrac{B}{\mu_0}$ 将远大于铁心中的 $H_\mu=\dfrac{B}{\mu}$。

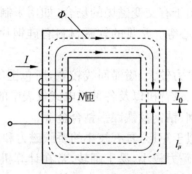

图 5-6 直流磁路

根据全电流定律,如果取一条磁力线作为闭合曲线,并以磁力线方向作为循行方向,由于 $H_\mu$ 和 $H_0$ 的方向处处和循行方向一致,故

$$\oint H \cdot \mathrm{d}l = H_\mu l_\mu + H_0 l_0 \tag{5-5}$$

由于励磁绕组为 $N$ 匝,有 $N$ 个电流 $I$ 穿过磁力线所围曲面,故

$$\sum I = IN$$

于是

$$H_\mu l_\mu + H_0 l_0 = IN \tag{5-6}$$

即

$$\frac{B}{\mu}l_\mu + \frac{B}{\mu_0}l_0 = IN$$

$$\frac{\Phi}{\mu S}l_\mu + \frac{\Phi}{\mu_0 S}l_0 = IN$$

所以

$$\Phi = \frac{IN}{\frac{l_\mu}{\mu S} + \frac{l_0}{\mu_0 S}} = \frac{IN}{R_\mu + R_0} = \frac{F}{R_\mu + R_0} \tag{5-7}$$

式中：$l_\mu$ 为铁心的平均长度；$l_0$ 为空气隙长度；$S$ 为铁心和空气隙的截面积；$\mu$ 和 $\mu_0$ 为铁心和空气的磁导率；$R_\mu = \frac{l_\mu}{\mu S}$ 称为铁心中的磁阻；$R_0 = \frac{l_0}{\mu_0 S}$ 称为空气隙中的磁阻；$F = IN$ 为产生磁通的磁化力，称为磁动势。如磁路由几段组成，则

$$\Phi = \frac{F}{\sum R_m} \tag{5-8}$$

式中：$\sum R_m$ 为各段磁阻之和。式(5-8)的结构和电路的欧姆定律类似：磁通相当于电流；磁动势相当于电动势；磁阻相当于电阻。因此，通常把式(5-8)表达的关系称为磁路的欧姆定律。必须注意的是，由于铁心的 $\mu$ 不是常数，因此，即使铁心的长度和截面积一定，$R_\mu$ 也不是常数，$R_\mu$ 要随 $B$ 的变化而变化。

下面根据磁路的欧姆定律来分析空气隙对磁路工作情况的影响。例如，对于图 5-6 的直流磁路，其磁阻为 $\frac{l_\mu}{\mu S} + \frac{l_0}{\mu_0 S}$，虽然 $l_\mu > l_0$，但因 $\mu \gg \mu_0$，所以空气隙长度虽然不大，但磁阻却比较大。如果保持这个磁路的尺寸大小不变，把原有的空气隙换成铁心，则整个磁路的磁阻减小。这时若保持前后两种情况的磁动势不变，则磁通增加。因此，在磁路中总是希望空气隙尽可能小些。

**例 5-1** 已知环形铁心线圈平均直径为 12.5cm，铁心材料为铸钢，磁路有一气隙 $l_0$ 长为 0.2cm，若线圈中电流为 1A，问要获得 0.9T 的磁感应强度，线圈匝数 $N$ 应为多少？

**解**：空气隙的磁场强度为

$$H_0 = \frac{B_0}{\mu_0} = \frac{0.9}{4\pi \times 10^{-7}} = 7.2 \times 10^5 (\text{A/m})$$

查铸钢的磁化曲线，得 $B = 0.9$T 时，磁场强度 $H_1 = 500$A/m。

铸钢中的磁路长度为 $l_1 = \pi R - 0.2 = \pi \times 12.5 - 0.2 \approx 39 (\text{cm})$。

因此，可得

$$NI = H_0 l_0 + H_1 l_1 = 1440 + 195 = 1635 (\text{A})$$

线圈匝数为

$$N = \frac{NI}{I} = \frac{1635}{1} = 1635 (\text{匝})$$

### 2. 交变磁通的磁路欧姆定律

如果线圈中通入交流电流，它在磁路中产生的是随时间交变的磁通，这时的磁路欧姆定律在形式上与交流电路的欧姆定律相似。由于交变磁通的大小是用磁通的幅值来表示的，因此交变磁通的磁路定律应写为

$$\dot{\Phi}_m = \frac{\dot{F}_m}{Z_m} \tag{5-9}$$

式中：磁通势 $\dot{F}_m$ 的幅值为 $\sqrt{2}NI$；$Z_m$ 为磁路的阻抗，称为磁阻抗，它与交流电路中的阻抗

一样，也是个复数。

$$Z_m = R_m + jX_m \tag{5-10}$$

式中：$R_m$ 为磁路的磁阻；$X_m$ 为磁路的磁抗。

### 5.1.4 交流铁心线圈电路

根据铁心线圈所连接电源种类的不同，将其分为直流铁心线圈和交流铁心线圈两种。直流铁心线圈由直流电来励磁，产生的磁通是恒定的，线圈中不会产生感应电动势，线圈中的电流由外加电压和线圈本身的电阻决定，功率损耗也只有线圈电阻上的损耗，分析比较简单；交流铁心线圈由交流电来励磁，产生的磁通是交变的，其电磁关系、电压电流关系以及功率损耗等方面与直流铁心线圈不同，其分析计算要复杂得多。

**1. 交流铁心线圈的电磁关系**

图 5-7 是一个闭合的交流铁心线圈电路，设线圈电阻为 $R$，线圈的匝数为 $N$，当在线圈两端加上正弦交流电压 $u$ 时，就有交变励磁电流 $i$ 流过，在交变磁动势 $Ni$ 的作用下产生交变的主磁通 $\Phi$ 和漏磁通 $\Phi_\sigma$。这两种交变的磁通将在线圈中产生感应电动势 $e$ 和 $e_\sigma$，对图 5-7 所示参考方向，有

$$e = -N\frac{d\Phi}{dt}, \quad e_\sigma = -N\frac{d\Phi_\sigma}{dt} \tag{5-11}$$

由于漏磁通 $\Phi_\sigma$ 大部分经过空气闭合，而空气是非磁性物质，$\mu_0$ 是常数，所以励磁电流 $i$ 与漏磁通 $\Phi_\sigma$ 可认为呈线性关系，铁心线圈的漏磁电感 $L_\sigma$ 是一个常数，为

$$L_\sigma = \frac{N\Phi_\sigma}{i} \tag{5-12}$$

则

$$e_\sigma = -N\frac{d\Phi_\sigma}{dt} = -L_\sigma \frac{di}{dt} \tag{5-13}$$

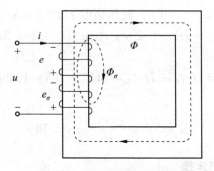

图 5-7 交流铁心线圈电路

主磁通 $\Phi$ 是通过铁心的，而铁心材料的磁化曲线呈非线性，即 $\mu$ 不是常数，使得 $\Phi$ 与 $i$ 之间具有非线性关系。铁心线圈的等效主磁电感 $L$ 与励磁电流 $i$ 的关系类似于 $\mu$ 与 $H$ 的变化关系。因此，铁心线圈是一个非线性电感元件。

由基尔霍夫电压定律，可得

$$u = Ri - e - e_\sigma \tag{5-14}$$

由于线圈电阻上的电压降 $Ri$ 和漏磁通电动势 $e_\sigma$ 都很小,与主磁通电动势 $e$ 比较,均可忽略,故式(5-14)可写成

$$u \approx -e \tag{5-15}$$

设主磁通 $\Phi = \Phi_m \sin\omega t$,则

$$e = -N\frac{d\Phi}{dt} = -N\omega\Phi_m\cos\omega t$$
$$= 2\pi f N\Phi_m \sin(\omega t - 90°) = E_m\sin(\omega t - 90°)$$

式中:$E_m = 2\pi f N\Phi_m$ 是主电动势 $e$ 的幅值,其有效值为

$$E = \frac{E_m}{\sqrt{2}} = 4.44 f N\Phi_m \tag{5-16}$$

故 $u \approx -e = E_m\sin(\omega t + 90°)$。可见,外加电压的相位超前于铁心中磁通 $90°$,而外加电压的有效值为

$$U \approx E = 4.44 f N\Phi_m \tag{5-17}$$

式(5-17)给出了铁心线圈在正弦交流电压作用下,铁心中磁通最大值与电压有效值的数量关系。在忽略线圈电阻和漏磁通的条件下,当线圈匝数 $N$ 和电源频率 $f$ 一定时,铁心中的磁通最大值 $\Phi_m$ 近似与外加电压有效值 $U$ 成正比。也就是说,当线圈匝数 $N$、外加电压 $U$ 和频率 $f$ 都一定时,铁心中的磁通最大值 $\Phi_m$ 将基本保持不变。这个结论对于分析交流电机及变压器的工作原理是十分重要的。

**2. 交流铁心线圈电路的功率损耗**

在交流铁心线圈电路中,除了在线圈电阻上有功率损耗外,铁心中也会有功率损耗。线圈上损耗的功率称为铜损,用 $P_{Cu}$ 表示,$P_{Cu} = I^2 R$。其中,$I$ 为铁心线圈中交流电流的有效值;$R$ 为线圈的等效电阻。

铁心中损耗的功率称为铁损,用 $P_{Fe}$ 表示,铁损包括磁滞损耗和涡流损耗两部分。由磁滞现象所引起的损耗称为磁滞损耗,用 $P_h$ 表示。铁磁性物质在反复磁化和去磁过程中,由励磁电流形成的外磁场不断地驱使铁心内部的磁畴来回翻转,磁畴翻转时要克服一定的阻力,因此要消耗一定的能量,这就是磁滞损耗。实验证明,磁滞损耗 $P_h$ 与励磁电流频率 $f$、铁心材料磁滞回线的面积 $S$ 及铁心磁感应强度的最大值 $B_m$ 有关,即 $P_h \propto f B_m^2 S$。为了减小磁滞损耗,应选用磁滞回线面积小的磁性材料制造铁心。

由涡流所引起的损耗称为涡流损耗,用 $P_e$ 表示。磁性材料不仅有导磁能力,同时也有导电能力,因而在交变磁通的作用下,铁心内将产生感应电动势和感应电流,感应电流在垂直于磁通的铁心平面内围绕磁力线呈旋涡状,如图5-8(a)所示,故称为涡流。铁心具有一定的电阻,涡流存在并不断地交变也会引起铁心发热,其功率损耗就称为涡流损耗。实验证明:$P_e \propto f^2 B_m^2$。为了减小涡流损失,铁心可用彼此绝缘的平行于磁场方向的钢片叠成,这样就可以限制涡流只能在较小的截面内流通,如图5-8(b)所示。

交流铁心线圈的功率损耗为 $\Delta P = UI\cos\varphi = P_{Cu} + P_{Fe} = I^2 R + P_h + P_e$。在直流磁路的铁心中,因磁通是恒定的,故不存在铁损。

**例 5-2** 某铁心线圈,加 12V 直流电压时,电流为 1A;加 90V 工频交流电压时,电流为 2A,且消耗功率为 88W。试求加 90V 工频交流电压时铁心线圈的 $P_{Cu}$、$P_{Fe}$ 及 $\cos\varphi$。

**解**:设铁心的等效电阻为 $R$,则

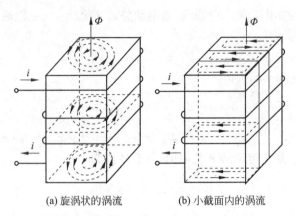

(a) 旋涡状的涡流　　　(b) 小截面内的涡流

图 5-8　铁心中的涡流

$$R = \frac{U}{I} = \frac{12}{1} = 12(\Omega)$$

在 110V 交流电压作用下的铜损为

$$P_{cu} = I^2 R = 2^2 \times 12 = 48(\text{W})$$

铁损为

$$P_{Fe} = P - P_{cu} = 88 - 48 = 40(\text{W})$$

由 $P = UI\cos\varphi$ 可求得

$$\cos\varphi = \frac{P}{UI} = \frac{88}{90 \times 2} \approx 0.49$$

## 5.2　变压器的用途、分类及工作原理

### 5.2.1　变压器的用途和分类

**1. 变压器的用途**

变压器最主要的用途是变换电压，变压器的问世促进了交流电的广泛应用。在电力系统中，电力变压器是不可缺少的重要设备，其主要的用途是变换电压。交流电绝大部分由发电厂（火电厂、水电厂、核电厂、风电厂等）中的交流发电机产生，然后输送到各个用电地区。发电厂一般都建在能源产地，往往离中心地区很远，因而必须进行长距离输电。输送同样大小的功率，输电电压越高，输电电流就越小。如果输电线路上的功率损耗相同，那么输电线的截面积就允许取得较小，可以节省材料。但是从安全用电和制造成本考虑，这样高的电压是不能由发电机直接产生的，必须用变压器把电压升高。另外，用电设备所需的电压又是比较低的，而且所需电压的大小有时也不一样，这就需要再用变压器把电网送来的高电压变为用电设备所需的电压值，其过程如图 5-9 所示。

在其他领域中，也时常要用到各种各样的变压器，例如，电子电路中用的整流变压器、输入变压器、输出变压器、振荡变压器、脉冲变压器，控制线路用的控制变压器，实验室调节电压用的自耦变压器，测量用的仪用变压器，电加工用的电焊变压器和电炉变压

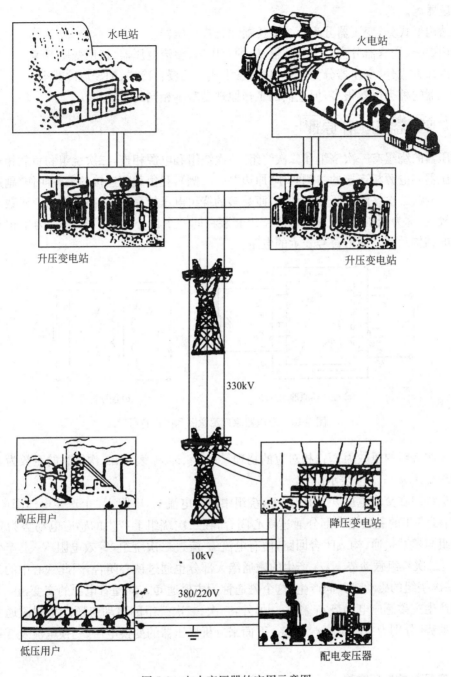

图 5-9 电力变压器的应用示意图

器等。

### 2. 变压器的分类

变压器有多种不同的分类方法,从而也就有不同的名称。

按相数分,变压器可以分为单相变压器、三相变压器等。

按每相绕组的个数分,变压器可以分为单绕组变压器、双绕组变压器、三绕组变压器、多绕组变压器等。

按结构形式分,变压器分为心式变压器和壳式变压器。

按用途分,变压器分为电力变压器、电炉变压器、整流变压器、仪用变压器等。

按冷却方式分,变压器分为空气自冷式(干式)、油浸自冷式、油浸风冷式等。

变压器的种类虽然很多,但它们的工作原理是基本相同的。

## 5.2.2 变压器的工作原理

变压器的绕组有一次绕组和二次绕组,一次绕组和电源相连,二次绕组和负载相连。通常把变压器和电源相连接的一侧叫作"原边"(一次侧),和负载相连接的一侧叫作"副边"(二次侧)。一次、二次绕组的匝数不相等,匝数多的绕组电压较高,称为高压绕组。匝数少的绕组电压较低,称为低压绕组。高、低压绕组套装在同一个铁心柱上。图 5-10 为单相双绕组变压器的结构示意及图形符号表示的电路。

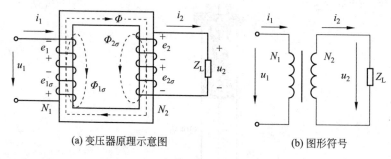

(a) 变压器原理示意图  (b) 图形符号

图 5-10　变压器原理示意图和图形符号

设一次绕组的匝数为 $N_1$,相对应的物理量用 $u_1$、$i_1$、$e_1$ 表示;二次绕组的匝数为 $N_2$,相应的物理量用 $u_2$、$i_2$、$e_2$ 表示。

一次绕组在交流电压 $u_1$ 的作用下,绕组中产生电流 $i_1$,电阻 $R_1$ 上产生电压降 $R_1 i_1$,磁动势 $N_1 i_1$ 产生的磁通绝大部分通过铁心闭合,在二次绕组上产生的感应电动势为 $e_2$。若二次绕组与负载接通,构成闭合回路,便有电流 $i_2$ 流过二次绕组,等效电阻 $R_2$ 上产生电压降 $R_2 i_2$,二次绕组磁动势 $N_2 i_2$ 产生的磁通绝大部分也通过铁心闭合,因此铁心中的磁通由一次、二次绕组的磁动势共同产生,这个磁通称为主磁通 $\Phi$。$\Phi$ 随着电源的交变,在一次、二次绕组产生主磁感应电动势 $e_1$ 和 $e_2$。另外,一次、二次绕组的磁动势还产生漏磁通及漏磁感应电动势,分别为 $\Phi_{1\sigma}$、$\Phi_{2\sigma}$、$e_{1\sigma}$、$e_{2\sigma}$。下面来分析变压器的变换电压、变换电流及变换阻抗原理。

**1. 变压器的电压变换**

根据图 5-10 所示的参考方向,分别写出一次、二次绕组回路电压方程为

$$u_1 = R_1 i_1 - e_1 - e_{1\sigma} \tag{5-18}$$

$$u_2 = -R_2 i_2 + e_2 + e_{2\sigma} \tag{5-19}$$

当变压器空载时,$i_2 = 0$,对应的一次绕组电流称为空载电流,用 $i_{10}$ 表示,对应的二次绕组电压及感应电动势称为空载电压和空载电动势,分别用 $u_{20}$ 和 $e_{20}$ 表示,这时变压器的一次侧电路相当于一个交流铁心线圈电路,通过的空载电流 $i_{10}$ 就是励磁电流,磁动势 $N_1 i_{10}$

在铁心中产生的主磁通 $\Phi$ 通过铁心闭合,既穿过一次绕组,又穿过二次绕组,于是在一次、二次绕组中分别感应出电动势 $e_1$、$e_{20}$。由式(5-16)可知,$e_1$、$e_{20}$ 的有效值分别为

$$\begin{cases} E_1 = 4.44 f N_1 \Phi_m \\ E_{20} = 4.44 f N_2 \Phi_m \end{cases} \tag{5-20}$$

若略去漏磁通的影响,不考虑绕组上电阻的压降,则可认为一次、二次绕组上电动势的有效值近似等于一次、二次绕组上电压的有效值,即 $U_1 \approx E_1$,$U_{20} \approx E_{20}$,可得

$$\frac{U_1}{U_{20}} \approx \frac{E_1}{E_{20}} = \frac{N_1}{N_2} = k \tag{5-21}$$

式中:$k$ 称为变压器的电压比,它定义为变压器空载运行时一次、二次绕组上的电压比,它也等于一次、二次侧线圈的匝数比。只要选择适当电压比,就可以达到变换电压的目的。

### 2. 变压器的电流变换

由 $U_1 \approx E_1 = 4.44 f N_1 \Phi_m$ 可知,当电源频率 $f$ 及一次侧线圈匝数 $N_1$ 一定时,变压器主磁通的大小主要由外施电源电压 $U_1$ 决定,而与负载大小无关。只要 $U_1$ 保持不变,无论变压器是空载还是负载,变压器铁心中主磁通 $\Phi$ 的大小就基本不变,因此带负载时产生主磁通的一次、二次绕组合成的磁动势 $N_1 i_1 + N_2 i_2$ 和空载时产生主磁通的一次绕组磁动势 $N_1 i_{10}$ 基本相等,即

$$N_1 i_1 + N_2 i_2 = N_1 i_{10} \tag{5-22}$$

其相量形式为

$$N_1 \dot{I}_1 + N_2 \dot{I}_2 = N_1 \dot{I}_{10} \tag{5-23}$$

变压器空载电流 $i_{10}$ 主要用来励磁。由于铁心的磁导率 $\mu$ 很大,故空载电流 $i_{10}$ 很小,常可忽略不计,于是式(5-23)变为

$$N_1 \dot{I}_1 \approx -N_2 \dot{I}_2 \tag{5-24}$$

即一次、二次绕组的磁动势在相位上近似反相。一次、二次绕组电流有效值的关系为

$$\frac{I_1}{I_2} \approx \frac{N_2}{N_1} = \frac{1}{k} \tag{5-25}$$

由式(5-25)可知,变压器一次、二次绕组电流之比近似等于其匝数比的倒数。改变一次、二次绕组的匝数,可以改变一次、二次绕组电流的比值,这就是变压器的电流变换作用。

### 3. 变压器的阻抗变换

变压器除了进行电压变换、电流变换之外,还可以进行阻抗变换。设变压器二次侧接一个阻抗为 $Z_L$ 的负载,如图 5-11 所示。

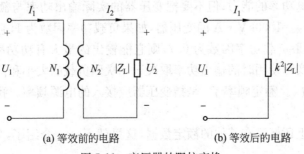

(a) 等效前的电路　　　　　　(b) 等效后的电路

图 5-11　变压器的阻抗变换

由于 $|Z_L|=\dfrac{U_2}{I_2}$，而从一次侧看进去，等效阻抗为

$$|Z'_L|=\frac{U_1}{I_1}\approx\frac{\dfrac{N_1}{N_2}U_2}{\dfrac{N_2}{N_1}I_2}=\left(\frac{N_1}{N_2}\right)^2\cdot\frac{U_2}{I_2}=k^2|Z_L| \tag{5-26}$$

可见，把阻抗为 $Z_L$ 的负载接到电压比为 $k$ 的变压器二次侧时，从一次侧看进去的等效阻抗就变为 $k^2|Z_L|$，从而实现了阻抗的匹配，因此可采用不同的电压比，把负载阻抗变换为所要求的值。在电子线路和通信工程中，常采用此法实现阻抗的匹配。

**例 5-3** 某半导体收音机的输出端接一只电阻为 $800\Omega$ 的扬声器，而目前市场上供应的扬声器的电阻只有 $8\Omega$。问利用变比为多少的变压器才能实现这一阻抗匹配。

**解**：将变压器的高压绕组作为一次绕组接至半导体收音机的输出端，低压绕组作为二次绕组接扬声器，由式(5-26)求得该变压器的变比为

$$k=\sqrt{\frac{800}{8}}=10$$

## 5.3 变压器的额定值与运行特性

### 5.3.1 变压器的额定值

为使变压器能连续安全地运行，必须了解和掌握其额定值。额定值通常标在变压器的铭牌上，主要有以下参数。

(1) 额定电压 $U_{1N}$、$U_{2N}$。变压器在额定运行情况下，根据变压器的绝缘强度和允许温升所规定一次侧应加的电压值叫作一次绕组的额定电压，用 $U_{1N}$ 表示。二次侧额定电压 $U_{2N}$ 是指变压器一次侧施加额定电压时的二次侧空载电压有效值；在仪器仪表中通常是指变压器一次侧施加额定电压，二次侧接额定负载时的输出电压有效值。三相变压器的额定电压全部指线电压。

(2) 额定电流 $I_{1N}$、$I_{2N}$。变压器在额定运行条件下，一次、二次绕组允许长时间通过的电流。三相变压器额定电流全部指线电流。

(3) 额定容量 $S_N$。由于变压器运行时，功率因数由负载决定，因此变压器用额定视在功率表示其容量，即变压器二次侧额定电压和额定电流的乘积 $S_N=U_{2N}I_{2N}$。额定容量反映了变压器所能传送电功率的能力，但不要把变压器的实际输出功率与额定容量相混淆。例如，一台额定容量 $S_N=1000\text{kV}\cdot\text{A}$ 的变压器，如果负载功率因数为 1，它能输出的最大有功功率为 1000kW；如果负载功率因数为 0.7，则它能输出的最大有功功率 $P=1000\times0.7=700(\text{kW})$。变压器实际使用时的输出功率取决于二次侧负载的大小和性质。

(4) 额定频率 $f_N$。额定频率 $f_N$ 是指变压器应接入的电源频率。我国电力系统的标准频率为 50Hz。

变压器的铭牌上还标注有其他的额定数据，这里就不一一介绍了，如有需要，可以参阅《电气设备手册》。

## 5.3.2 变压器的运行特性

**1. 外特性**

在分析变压器的工作原理时,为了突出主要物理量的作用,忽略了变压器一次、二次绕组中的电阻及漏感。实际上,变压器工作时,随着负载的增加,一次、二次绕组上的电阻压降及漏感压降都会增大,使得二次绕组的端电压 $U_2$ 有所下降。

当变压器一次绕组电压 $U_1$ 和负载功率因数 $\cos\varphi$ 一定时,二次绕组电压 $U_2$ 随负载电流 $I_2$ 变化的关系 $U_2 = f(I_2)$ 称为变压器的外特性。它反映了当变压器负载性质($\cos\varphi$)一定时,二次侧电压随负载电流变化的情况,如图 5-12 所示。对于电阻性或电感性负载而言,输出电压 $U_2$ 随输出电流 $I_2$ 的增加呈下降趋势。对于相同的负载电流 $I_2$,负载的感性越强,功率因数越低,对应的输出电压 $U_2$ 下降也越多。

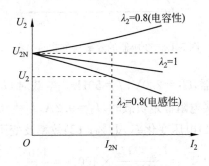

图 5-12 变压器的外特性

为了反映变压器电压波动的程度,引入电压变化率 $\Delta U$,即

$$\Delta U\% = \frac{U_{20} - U_2}{U_{20}} \times 100\% \tag{5-27}$$

式中:$U_{20}$ 和 $U_2$ 分别为空载和额定负载时的二次侧电压。显然,电压变化率是变压器从空载到额定负载的运行过程中输出电压 $U_2$ 的下降程度,它是衡量变压器输出电压稳定性的主要指标。

当负载变化时,通常希望二次侧电压 $U_2$ 的变化量越小越好,一般来说,容量大的变压器,电压变化率较小,电力变压器的电压变化率一般在 5% 左右,这是它的一个重要技术指标,直接影响到供电质量,而小型变压器的电压变化率可达 20%。

**2. 效率特性**

变压器在运行过程中,一次、二次绕组和铁心要损耗一小部分功率,即绕组上的铜损 $\Delta P_{Cu}$ 和铁心中的铁损 $\Delta P_{Fe}$。输出功率 $P_2$ 与输入功率 $P_1$ 之比称为变压器的效率,通常用百分数表示,即

$$\eta = \frac{P_2}{P_1} \times 100\% = \frac{P_2}{P_2 + \Delta P_{Cu} + \Delta P_{Fe}} \times 100\% \tag{5-28}$$

当外加电压 $U_1$ 和频率 $f$ 一定时,主磁通 $\Phi_m$ 基本上不变,铁损也基本不变,故铁损又称为不变损耗。而铜损是由电流 $I_1$、$I_2$ 分别在一次、二次绕组的电阻 $R_1$、$R_2$ 上产生的损耗,

它随负载电流的变化而变化,故又称为可变损耗。由于变压器空载时铜损 $\Delta P_{Cu} = I_{10}^2 R_1^2$ 很小,从电源输入的功率(称为空载损耗)基本上都损耗在铁心上,故可认为空载损耗等于铁损。随着负载的增大,开始时 $\eta$ 也增大,但后来因铜损增加得很快,$\eta$ 反而有所下降,在不到额定负载时出现 $\eta$ 的最大值。所以变压器并非运行在额定负载时效率最高,变压器效率 $\eta$ 与负载电流 $I_2$ 的关系如图 5-13 所示。

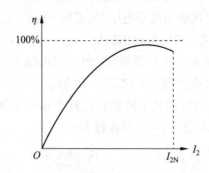

图 5-13 变压器的效率与负载的关系

**例 5-4** 有一单相变压器,$U_1 = 220\text{V}$,$f = 50\text{Hz}$。空载时 $U_{20} = 110\text{V}$,$I_{10} = 1\text{A}$,空载损耗功率 $P_0 = 55\text{W}$。二次侧接电阻额定负载时,$I_1 = 9.2\text{A}$,$I_2 = 18\text{A}$,$U_2 = 106\text{V}$,一次侧输入功率 $P_1 = 2120\text{W}$。试求:(1)电压变化率 $\Delta U \%$;(2)效率及变压器的铁损 $P_{Fe}$、铜损 $P_{Cu}$。

**解**:(1)电压变化率:$\Delta U \% = \dfrac{U_{20} - U_2}{U_{20}} \times 100\% = \dfrac{110 - 106}{110} \times 100\% \approx 3.6\%$

(2)效率:$\eta = \dfrac{P_2}{P_1} \times 100\% = \dfrac{106 \times 18}{2120} \times 100\% = 90\%$

铁损:$P_{Fe} \approx P_0 = 55\text{W}$

铜损:$P_{Cu} = P_1 - P_2 - P_{Fe} = 2120 - 106 \times 18 - 55 = 157(\text{W})$

### 5.3.3 变压器绕组的极性

在使用多绕组变压器或者有磁耦合的互感器线圈时,要注意绕组的连接。例如,一台变压器有两个材料和匝数完全相同的一次绕组,如图 5-14(a)所示,它们的端子分别用 1、2 和 3、4 表示。两绕组串联(2、3 端相连)可接于较高电压,并联(1、3 相连,2、4 相连)可接于较低电压。若连接错误,两绕组产生的磁动势方向相反,相互抵消,铁心磁通为零,两绕组不会产

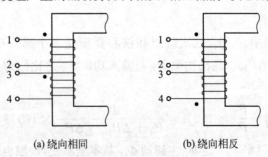

(a) 绕向相同        (b) 绕向相反

图 5-14 变压器绕组的极性

生感应电动势,绕组中就会流过很大的电流,导致变压器绕组及电源被烧坏。因此,对具有磁耦合的绕组一定要连接正确。

为了防止发生错误,对有磁耦合的绕组定义了同极性端。当有电流分别从两个绕组的任一端流进(或流出)时,若两个绕组磁动势产生的磁通方向一致,磁感应电动势极性相同,则称两绕组流进(或流出)电流的端子为同极性端,用符号"·"或"*"标注;否则,就称为异极性端。显然端子1、3(或2、4)为同极性端子。

若把图5-14(a)下面的绕组反绕,如图5-14(b)所示,显然此时端子1、4(或2、3)为同极性端子。可见,耦合线圈的同极性端与绕组的绕向有关。

## 5.4 常用变压器

### 5.4.1 自耦变压器

前面介绍的变压器,其一次、二次绕组是相互绝缘的,没有电的直接联系,称为双绕组变压器。如果一次、二次绕组共用一个绕组,使低压绕组成为高压绕组的一部分,这种只具有一个绕组的变压器称为自耦变压器,如图5-15所示,一次、二次绕组间不仅有磁的耦合,而且还有电的联系。

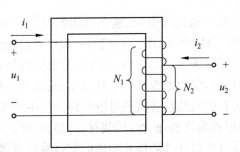

图5-15 自耦变压器原理示意图

由于同一主磁通穿过一次、二次绕组,所以一次、二次侧的电压仍与它们的匝数成正比,负载时一次、二次侧的电流仍与它们的匝数成反比,即

$$\frac{U_1}{U_2} \approx \frac{N_1}{N_2} = k, \quad \frac{I_1}{I_2} \approx \frac{N_2}{N_1} = \frac{1}{k}$$

自耦变压器仅用于变比不大的场合,一般 $k$ 约为 1.5~2。在某些场合,希望电压可以平滑地调节,因此,有的自耦变压器利用滑动触点来均匀改变二次绕组的匝数,从而使二次侧的电压平滑可调,这种可以平滑地调节电压的自耦变压器称为调压器。图5-16(a)是实验室中常用调压器的外形和原理图。转动手柄可改变二次绕组的匝数,从而达到调压的目的,输入电压可取 220V 或 110V 两种,输出电压调节范围为 0~250V。

自耦变压器也可做成三相,通常接成星形,如图5-16(b)所示。三相异步电动机的一种起动方法——自耦降压起动法就是利用三相自耦变压器来实现电动机降压起动的(参看第7章)。

使用自耦调压器时应注意以下几点:

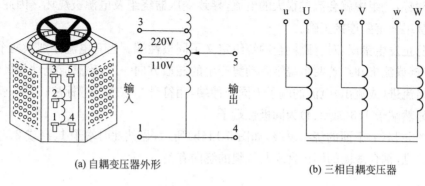

(a) 自耦变压器外形　　　　(b) 三相自耦变压器

图 5-16　自耦变压器

（1）一次、二次绕组不能对调使用，否则可能会烧坏绕组，甚至造成电源短路。

（2）接通电源前，先将滑动触头移至零位，接通电源后，再逐渐旋动手柄，将输出电压调到所需值，而且通电前，应先将外形图中的接线柱 1 和接线柱 4 相连，并一起接到零线上，以保证调压器的安全使用。用毕，再将手柄转回零位，以备下次安全使用。

（3）输出电压无论多低，其电流也不允许大于额定电流。

### 5.4.2　三相电力变压器

在电力系统中，用于变换三相交流电压、输送电能的变压器称为三相电力变压器。如图 5-17 所示，它有三个心柱，分别套 A、B、C 三相的一次、二次绕组。由于三相一次绕组所加的电压是对称的，因此三相磁通也是对称的，二次侧的电压也是对称的。为了散去运行时由于本身的损耗所发出的热量，保护绝缘材料不被损坏，通常铁心和绕组都浸在装有绝缘油的油箱中，通过在箱壁上装置的散热油管将热量散发到大气中。考虑到油会热胀冷缩，故在变压器油箱上放置一储油柜和油位表，此外，还装有一根防爆管，一旦发生故障（例如短路事故），产生大量气体时，高压气体将冲破防爆管前端的塑料薄片而释放，从而避免变压器发生爆炸。油箱顶部有高压绕组和低压绕组的出线端（通过瓷套管引出）。

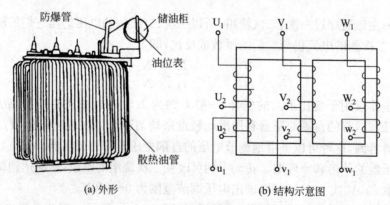

(a) 外形　　　　(b) 结构示意图

图 5-17　三相电力变压器

三相变压器的一次、二次绕组可以根据需要分别接成星形或三角形。三相电力变压器的常见联结方式是 Y,yn（即 Y/Y₀）和 Y,d（即 Y/△），如图 5-18 所示。其中 Y,yn 联结常用于车间配电变压器,yn 表示有中线引出的星形联结,这种接法不仅给用户提供了三相电源,同时还提供了单相电源。通常使用的动力和照明混合供电的三相四线制系统就是用这种联结方式的变压器供电的。Y,d 联结的变压器主要用在变电站作为降压或升压使用。

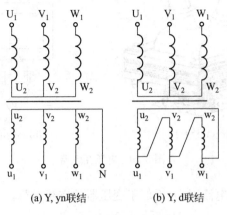

(a) Y, yn 联结　　　(b) Y, d 联结

图 5-18　三相变压器的两种接法

三相变压器一次、二次侧线电压的比值不仅与匝数比有关,而且与接法有关。设一次、二次侧的线电压分别为 $U_{l1}$、$U_{l2}$,相电压分别为 $U_{p1}$、$U_{p2}$,匝数分别为 $N_1$、$N_2$,则采用 Y,yn 联结时,有

$$\frac{U_{l1}}{U_{l2}} = \frac{\sqrt{3}U_{p1}}{\sqrt{3}U_{p2}} = \frac{N_1}{N_2} = k \tag{5-29}$$

采用 Y,d 联结时,有

$$\frac{U_{l1}}{U_{l2}} = \frac{\sqrt{3}U_{p1}}{U_{p2}} = \sqrt{3}\frac{N_1}{N_2} = \sqrt{3}k \tag{5-30}$$

三相变压器的额定值含义与单相变压器相同,但三相变压器的额定容量 $S_N$ 是指三相总额定容量,即

$$S_N = \sqrt{3}U_{2N}I_{2N} \tag{5-31}$$

三相变压器的额定电压 $U_{1N}/U_{2N}$ 和额定电流 $I_{1N}/I_{2N}$ 是指线电压和线电流。其中,二次侧额定电压 $U_{2N}$ 是指变压器一次侧施加额定电压 $U_{1N}$ 时二次侧的空载电压,即 $U_{20}$。

### 5.4.3　仪用互感器

仪用互感器是电工测量中经常使用的一种特殊变压器,其主要作用是扩大测量仪表的量程或使测量仪表与高压电路隔离以保证人身与设备的安全。仪用互感器有电压互感器和电流互感器两种。

**1. 电压互感器**

电压互感器可将高电压变换为低电压,然后送给测量仪表、控制或继电保护设备等,并使仪表、设备及工作人员与高压电路隔离。

电压互感器如图 5-19 所示,其一次绕组匝数 $N_1$ 多,与被测的高压线路并联;二次绕组匝数 $N_2$ 少,与电压表、功率表的电压线圈等并联连接。由于电压表或功率表的阻抗很大,

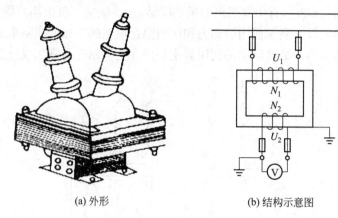

(a) 外形　　　　(b) 结构示意图

图 5-19　电压互感器

因此电压互感器二次侧的电流很小,近似于变压器的空载运行,于是有

$$\frac{U_1}{U_2}=\frac{N_1}{N_2}=k_u \tag{5-32}$$

式中:$k_u$ 称为电压互感器的变压比。当 $N_1 \gg N_2$ 时,$k_u$ 很大,$U_2 \ll U_1$,故可用低量程的电压表去测量高电压。由于变比 $k_u$ 是已知的,测量时只要把电压表的读数乘上变压比就等于被测电压 $U_1$。通常电压互感器不论其额定电压是多少,其二次侧额定电压皆为 100V,可采用统一的 100V 标准电压表。因此,在不同电压等级的电路中所用的电压互感器,其变压比是不同的,例如 6000/100、10000/100 等。若互感器与电压表固定连接,则可将对应的 $U_1$ 值标于电表刻度盘上,这样就可不必经过中间运算而直接从电压表上读出高压线路的电压值。

为了工作安全,电压互感器的铁心、金属外壳及低压绕组的一端都必须接地。若不接地,万一高、低压绕组之间的绝缘损坏,则低压侧将出现高电压,这对工作人员是非常危险的。另外,使用时要防止二次侧短路,因为短路电流很大,会烧坏绕组,故应在一次、二次侧接入熔断器进行保护。

**2. 电流互感器**

电流互感器是根据变压器的变换电流原理制成的。它可将线路的大电流变为二次侧的小电流,以适应电流表的量程,并使测量仪表与高压电路隔开,以确保人身及设备安全。电流互感器如图 5-20 所示,其一次绕组用粗线绕成,通常只有一匝或几匝,串联在被测线路上,通过一次绕组的电流与负载电流相等;二次绕组匝数较多,与电流表或功率表的电流线圈串联接成闭合回路。因为电流表或功率表的电流线圈电阻很小,所以电流互感器的二次侧相当于短路,根据变压器原理,一次、二次绕组电流比为

$$\frac{I_1}{I_2}=\frac{N_2}{N_1}=k_i \quad 或 \quad I_1=k_i I_2 \tag{5-33}$$

式中:$k_i$ 为电流互感器的变流比。当 $N_2 \gg N_1$ 时,$k_i$ 很大,$I_2 \ll I_1$,故利用电流互感器可用小量程的电流表来测量大电流。测量时只要把电流表的读数乘以变流比即得被测的电流值。若互感器与电流表固定连接,则可直接将对应的 $I_1$ 值标于电流表的刻度盘上,直接读出被测大电流的值。通常电流互感器二次绕组的额定电流都规定为 5A,在不同电流等级的电路中所用的电流互感器的变流比是不同的,例如 30/5、50/5、100/5 等。

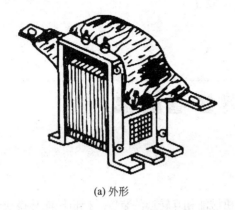
(a) 外形

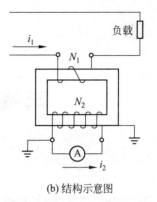
(b) 结构示意图

图 5-20 电流互感器

电流互感器在运行中二次侧不允许开路，因为它的一次绕组与负载是串联的，其电流 $I_1$ 的大小是取决于负载的大小。在正常运行时，一次、二次绕组的端电压近似为零，一次、二次绕组的磁动势 $N_1I_1$ 和 $N_2I_2$ 基本上互相抵消，铁心中的磁动势很小。当二次侧开路时，铁心由于失去了 $I_2$ 的去磁作用，主磁通将急剧增加，使铁心过热而烧毁绕组，同时二次绕组中会感应出高电压，危及人身和设备的安全。为此，在电流互感器的二次侧不允许接入熔断器和开关，在二次侧电路拆装仪表时，必须先将仪表短路。此外，为了安全，电流互感器的铁心和二次绕组都必须接地。

## 习　题

**5-1**　某铁心线圈接入 50Hz、220V 交流电源时，线圈电流为 3A，消耗的功率为 100W。如果改接 12V 的直流电源，电流为 10A。试求：(1) 铁心线圈在直流作用时的铜损和铁损。(2) 铁心线圈在交流作用时的铜损、铁损及其功率因数。

**5-2**　有一交流铁心绕圈接入 220V、50Hz 的交流电源时，通过的电流为 4A，消耗的功率为 100W，若忽略线圈漏阻抗压降，试求：(1) 铁心线圈的功率因数；(2) 铁心线圈的等效电阻和等效电抗。

**5-3**　变压器二次绕组电压 $U_2=20$V，在接有电阻性负载时，测得二次绕组电流 $I_2=5.5$A，变压器的输入功率为 132W，试求变压器的效率及损耗的功率。

**5-4**　单相变压器一次绕组 $N_1=1000$ 匝，二次绕组 $N_2=500$ 匝，现一次侧加电压 $U_1=220$V，二次侧接电阻性负载，测得二次侧电流 $I_2=4$A，忽略变压器的内阻抗及损耗，试求：(1) 一次侧等效阻抗 $|Z_1'|$；(2) 负载消耗功率 $P_2$。

**5-5**　有一理想变压器，一次绕组接在 220V 交流电源上，其匝数为 660 匝；有两个二次绕组，输出电压分别为 110V 和 36V，试求：(1) 两个二次绕组的匝数；(2) 二次绕组各自接入 110V、30W 和 36V、15W 的纯电阻负载时，一次绕组中的电流。

**5-6**　有一台降压变压器，一次侧电压 380V，二次侧电压 36V，如果接入一个 36V、60W 的灯泡，求：(1) 一次、二次绕组的电流各是多少？(2) 一次侧的等效电阻是多少？（灯泡看成纯电阻）

# 第6章 三相异步电动机

电机是利用电磁感应原理实现电能与机械能相互转换的装置。把机械能转换成电能的设备称为发电机,而把电能转换成机械能的设备称为电动机。在生产上主要用的是交流电动机,特别是三相异步电动机,因为它具有结构简单、坚固耐用、运行可靠、价格低廉、维护方便等优点,被广泛地用来驱动各种金属切削机床、起重机、锻压机、传送带、铸造机械、通风机及水泵等。

## 6.1 三相异步电动机的结构

三相异步电动机主要由定子和转子两部分组成,定子和转子之间有气隙,此外,还有端盖、轴承和冷却装置等,三相异步电动机的结构如图6-1所示。

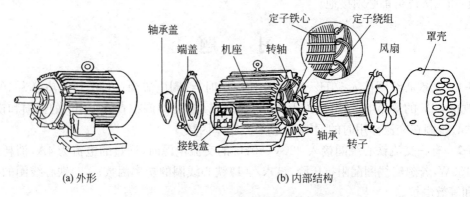

图6-1 三相异步电动机的结构

### 1. 定子

三相异步电动机的定子主要由机座、定子铁心和定子绕组等组成,是固定不动的部分。机座是用来固定和支撑定子铁心的,由铸铁或铸钢浇铸成型。定子铁心是电动机磁路的一部分,由彼此相互绝缘的硅钢片叠成。定子绕组放置在定子铁心内圆周上均匀分布的线槽内,三相绕组根据需要可接成星形(Y)和三角形(△),如图6-2所示。

### 2. 转子

三相异步电动机的转子主要由转子铁心、转子绕组、转轴及其风扇等组成,是能够进行旋转的部分。转子铁心是电动机磁路的另一部分,一般用硅钢片叠成圆柱形,固定在转轴上,转子绕组放置在铁心外圆周上均匀分布的线槽内。转子绕组分为笼型和绕线型两种。笼型转子绕组是由浇铸在转子铁心槽内的若干导电条组成的,两端分别焊接在两个短接的

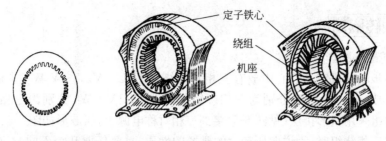

(a) 定子铁心的硅钢片　　(b) 定子铁心和机座　　(c) 嵌有三相绕组的定子

图 6-2　三相异步电动机的定子

端环上,并与风扇焊成一个整体,如图 6-3 所示。

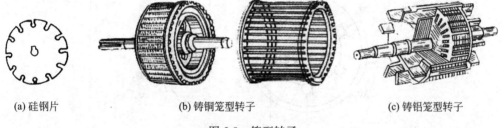

(a) 硅钢片　　　　(b) 铸铜笼型转子　　　　(c) 铸铝笼型转子

图 6-3　笼型转子

绕线型转子的铁心和笼型转子的铁心相似,不同的是在转子的槽内嵌放了对称的三相绕组。三相绕组接成星形,其首端分别接到转轴 3 个彼此绝缘的铜制滑环上,滑环通过电刷将转子绕组的 3 个首端引到机座的接线盒上,以便在转子电路中串入附加电阻,以此来改善电动机的起动和调速性能。绕线型异步电动机的转子如图 6-4 所示。

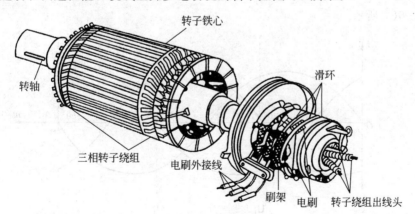

图 6-4　绕线型转子

## 6.2　三相异步电动机的工作原理

三相异步电动机是通过定子绕组中的三相交流电所产生的旋转磁场与转子绕组内的感应电流相互作用而工作的。

### 6.2.1 旋转磁场

1) 旋转磁场的产生

三相异步电动机定子铁心中放有三相对称绕组 $U_1U_2$、$V_1V_2$、$W_1W_2$,它们在空间上互差 120°。其中,$U_1$、$V_1$、$W_1$ 分别为三相绕组的首端,$U_2$、$V_2$、$W_2$ 分别为三相绕组的末端。假定三相绕组采用星形接法(见图 6-5)接到三相对称电源上,当波形如图 6-6 所示的三相对称电流通过三相绕组时,为说明所产生的磁场的性质,只要任取几个不同时刻,分析出它们所产生的合成磁场的情况,磁场的性质就一目了然了。为此,选择三相电流的参考方向是从绕组的首端流向末端。

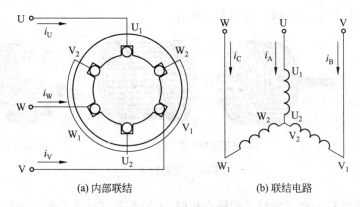

(a) 内部联结　　　　(b) 联结电路

图 6-5　星形联结的定子

当 $\omega t = 0°$ 时,$i_U = 0$,$U_1U_2$ 绕组中无电流;$i_V$ 为负,$V_1V_2$ 绕组中的电流从 $V_2$ 流入 $V_1$ 流出;$i_W$ 为正,$W_1W_2$ 绕组中的电流从 $W_1$ 流入 $W_2$ 流出;由右手螺旋定则可得合成磁场的方向如图 6-6(a)所示。

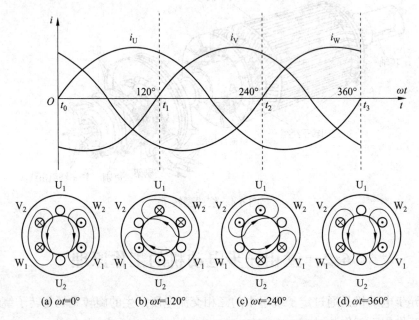

(a) $\omega t = 0°$　　(b) $\omega t = 120°$　　(c) $\omega t = 240°$　　(d) $\omega t = 360°$

图 6-6　对称三相电流及其产生的合成磁场

当 $\omega t=120°$ 时，$i_V=0$，$V_1V_2$ 绕组中无电流；$i_U$ 为正，$U_1U_2$ 绕组中的电流从 $U_1$ 流入 $U_2$ 流出；$i_W$ 为负，$W_1W_2$ 绕组中的电流从 $W_2$ 流入 $W_1$ 流出；由右手螺旋定则可得合成磁场的方向如图 6-6(b)所示。

当 $\omega t=240°$ 时，$i_W=0$，$W_1W_2$ 绕组中无电流；$i_U$ 为负，$U_1U_2$ 绕组中的电流从 $U_2$ 流入 $U_1$ 流出；$i_V$ 为正，$V_1V_2$ 绕组中的电流从 $V_1$ 流入 $V_2$ 流出；由右手螺旋定则可得合成磁场的方向如图 6-6(c)所示。

可见，当定子绕组中的电流变化一个周期时，合成磁场也按电流的相序方向在空间旋转一周。随着定子绕组中的三相电流不断地作周期性变化，产生的合成磁场也不断地旋转，因此称为旋转磁场。

2）旋转磁场的方向

通入三相绕组的电流相序为 U→V→W→U，即正序，得到的是顺时针旋转的磁场；如果调换三相电源的任意两根相线，变为逆序 U→W→V→U，产生的合成磁场的旋转方向就会改变。

3）旋转磁场的转速

每相串接 $n$ 个绕组，则合成的旋转磁场的磁极对数 $p=n$。$p$ 对磁极的电动机，其旋转磁场的转速为一对磁极时的 $1/p$。旋转磁场的转速又称为同步转速，用 $n_0$ 表示。当三相异步电动机磁极对数为 $p$，工作频率为 $f_1$，其同步转速为

$$n_0=\frac{60f_1}{p} \tag{6-1}$$

当电流的频率为 50Hz 时，不同磁极对数的同步转速如表 6-1 所示。

表 6-1 不同磁极对数的同步转速

| $p$ | 1 | 2 | 3 | 4 | 5 |
|---|---|---|---|---|---|
| $n_0/(\text{r/min})$ | 3000 | 1500 | 1000 | 750 | 600 |

## 6.2.2 异步电动机的工作原理

如图 6-7 所示，磁场以转速 $n_0$ 按顺时针方向旋转，处于磁场中的笼型转子的导条因相对运动，相当于逆时针方向切割磁力线，于是在转子的导条中就会产生感应电动势，笼型转子端面短接的结果使导条中形成感应电流，其方向可用右手定则确定：上半部分的导条电流流出，下半部分的导条电流流入。通有电流的导条又会与磁场相互作用，根据左手定则，便可确定上半部分导条受到的电磁合力 $F$ 方向向右，下半部分导条受到的电磁合力 $F$ 方向向左，且两者大小相等，方向相反。这样一对电磁力相对于转轴形成电磁转矩 $T$，其方向与旋转磁场的方向一致，此转矩带动笼型转子跟着旋转磁场顺时针旋转。

三相异步电动机转子的转动方向也取决于三相对称电源的相序。但转子的转速 $n$ 不可能与旋转磁

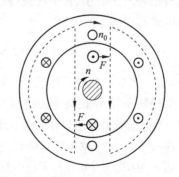

图 6-7 异步电动机的工作原理示意图

场的转速 $n_0$ 相等,而且小于 $n_0$,这正是异步电动机得名的原因。

### 6.2.3 转差率

为了表征转子转速与同步转速的相差程度,提出了转差率 $s$ 的概念:

$$s = \frac{n_0 - n}{n_0} \tag{6-2}$$

转差率是分析异步电动机运行情况的一个重要参数,它与负载情况有关。例如,起动时,$n=0$,$s=1$;带负载额定运行时 $n$ 接近 $n_0$,$s$ 很小,为 $0.01 \sim 0.08$;空载时,$n \approx n_0$,$s \approx 0$。异步电动机所带负载越大,转速越慢,转差率就越大;负载越小,转速越快,转差率就越小。

当转差率 $s$ 已知时,由式(6-2)可得电动机转子的转速:

$$n = (1-s)n_0 \tag{6-3}$$

**例 6-1** 一台三相异步电动机的额定转速为 $960 \text{r/min}$,电源频率 $f_1 = 50\text{Hz}$。试求电动机的极数和额定工作时的转差率。

**解**: 由于额定工作时转差率较小,电动机转速应接近于同步转速,因此可得同步转速 $n_0 = 1000 \text{r/min}$。由表 6-1 可知,电动机的极对数为 3,即该电动机的极数为 6。

## 6.3 三相异步电动机的机械特性

### 6.3.1 三相异步电动机的转矩特性

由三相异步电动机的工作原理可知,驱动电动机旋转的电磁转矩是由转子导体中的电流 $I_2$ 与旋转磁场相互作用而产生的。因此,电磁转矩的大小与转子导体中的电流 $I_2$ 及旋转磁场磁通的幅值 $\Phi_m$ 成正比。由于转子回路既有电阻又有电感,故转子电流 $I_2$ 比转子导体感应电动势 $E_2$ 滞后 $\varphi_2$。转子电流 $I_2$ 的有功分量与旋转磁场相互作用而产生电磁转矩,电磁转矩的表达式为

$$T = C_T \Phi_m I_2 \cos\varphi_2 \tag{6-4}$$

式中:$C_T$ 为电动机电磁转矩常数。

式(6-4)称为三相异步电动机电磁转矩的物理公式。电磁转矩的物理公式没有反映出电磁转矩与定子电压、转子转速(或转差率)和电动机参数之间的关系,下面给出三相异步电动机电磁转矩的参数公式:

$$T = K_T \frac{spR_2 U_1^2}{f_1 [R_2^2 + (sX_{20})^2]} \tag{6-5}$$

式中:$X_{20}$ 为电动机静止时转子回路的漏电抗;$K_T$ 为由电动机结构决定的常数。

电磁转矩 $T$ 不仅与电源电压 $U_1$ 的平方成正比,而且与转差率 $s$、转子等效电路中的电阻 $R_2$ 及电动机静止时转子回路的漏电抗 $X_{20}$ 有关。异步电动机电磁转矩 $T$ 与转差率 $s$ 的关系曲线 $T = f(s)$ 称为异步电动机的转矩特性曲线,如图 6-8 所示。

当 $s=0$,即 $n=n_0$ 时,$T=0$,即为理想的空载运行状态;随着 $s$ 的增大,$T$ 也开始增大,但到达最大值以后,随着 $s$ 的继续上升,$T$ 反而减小。最大转矩 $T_{max}$ 又称临界转矩,对应于

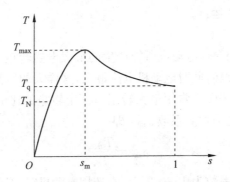

图 6-8 异步电动机的转矩特性曲线

$T_{max}$ 的 $s_m$ 称为临界转差率。

### 6.3.2 三相异步电动机的机械特性

电源电压一定时,转速 $n$ 与电磁转矩 $T$ 的关系 $n = f(T)$ 称为电动机的机械特性曲线,如图 6-9 所示。以最大转矩 $T_{max}$ 为界,机械特性分为两个区,上边为稳定区,下边为不稳定区。

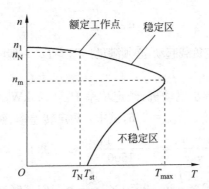

图 6-9 异步电动机的机械特性曲线

当电动机工作在稳定区上某一点时电磁转矩 $T$ 能适应负载转矩 $T_L$ 的变化而自动调节达到稳定运行。如果电动机工作在不稳定区,电磁转矩不能自动适应负载转矩的变化,因而不能稳定运行。

为正确使用异步电动机,除了要注意机械特性曲线上的两个区域外,还要关注三个特征转矩。

1) 额定转矩 $T_N$

额定转矩 $T_N$ 是表示异步电动机在额定状态工作时的电磁转矩。可近似地认为,电动机产生的额定电磁转矩 $T_N$ 等于轴上的额定输出转矩(也称满载转矩)。

$$T_N = 9550 \frac{P_N}{n_N} \tag{6-6}$$

异步电动机在额定负载运行时的状态称为额定状态,其额定工作点通常在机械特性稳定区的中部。为了避免电动机出现过热现象,一般不允许电动机在超过额定转矩的情况下长期运行,但允许短期过载运行。

2) 最大转矩 $T_{max}$

最大转矩 $T_{max}$ 是三相异步电动机所能产生的最大电磁转矩。当电动机负载转矩大于最大转矩时,电动机就要停转,此时电动机电流最大,这样大的电流如果长时间通过定子绕组,会使电动机过热,甚至烧毁。常用最大转矩与额定转矩的比值 $T_{max}/T_N$ 来表示异步电动机短时的过载能力,称之为过载系数 $\alpha_{mt}$,即

$$\alpha_{mt} = \frac{T_{max}}{T_N} \tag{6-7}$$

一般三相异步的过载系数为 $1.8 \sim 2.2$。在选用电动机时,必须考虑可能出现的最大负载转矩,而后根据所选电动机的过载系数算出电动机的最大转矩,它必须大于最大负载转矩。否则,就要重选电动机。

3) 起动转矩 $T_{st}$。

电动机在接通电源刚起动的瞬间,即 $n=0, s=1$ 时的转矩称为起动转矩。电动机要完成起动,所具有的起动转矩 $T_{st}$ 必须大于负载转矩 $T_L$,否则电动机将无法起动。通常用起动转矩与额定转矩的比值 $T_{st}/T_N$ 来表示三相异步电动机的起动能力,称之为起动系数 $\alpha_{st}$,即

$$\alpha_{st} = \frac{T_{st}}{T_N} \tag{6-8}$$

为确保电动机能够带额定负载起动,必须满足:$T_{st} > T_N$,一般的三相异步电动机 $T_{st}/T_N$ 为 $1 \sim 2.2$。

**例 6-2** 一台四极三相异步电动机,额定功率 $P_N = 25 \text{kW}$,额定电压 $U_N = 380 \text{V}$,额定转速 $n_N = 1450 \text{r/min}$,过载倍数 $\alpha_{mt} = 2.6$,试求:额定转差率、额定转矩和最大转矩。

**解**:额定转差率 $s_N = \dfrac{n_0 - n_N}{n_N} = \dfrac{1500 - 1450}{1500} \approx 0.033$

额定转矩 $T_N = 9550 \times \dfrac{P_N}{n_N} = 9550 \times \dfrac{25}{1450} \approx 164.66 (\text{N} \cdot \text{m})$

最大转矩 $T_m = \alpha_{mt} T_N = 2.6 \times 164.66 \approx 428.12 (\text{N} \cdot \text{m})$

## 6.4 三相异步电动机的起动

电动机的起动就是把电动机的定子绕组与电源接通,使电动机的转子转速由零开始运转,直至以一定转速稳定运行的过程。对电动机起动要求是起动电流小,起动转矩大,起动时间短。笼型异步电动机的起动方法有直接起动和降压起动两种。

(1) 直接起动。直接起动又称全压起动,就是将电动机的定子绕组直接加上额定电压起动。直接起动电流虽然很大,但因起动时间短,而且随着转子转动起来后,电流很快减小,只要起动不过于频繁,不至于引起电动机过热就行。一般规定,$6.5 \text{kW}$ 以下的笼型异步电动机可以直接起动。

(2) 降压起动。降压起动的主要目的是为了限制起动电流。常用的降压起动方法有 Y-△起动和自耦降压起动。

Y-△起动只适用于定子绕组为△形联结,且每相绕组都有两个引出端子的三相笼型异步电动机,这种起动方法的原理如图 6-10 所示。起动前先合上电源开关 $Q_1$,然后将 $Q_2$ 合向"起动"位置进行起动,此时定子绕组接成Y形,每相绕组所加电压为额定电压的 $1/\sqrt{3}$。待转速接近稳定时,再把 $Q_2$ 迅速合向"运行"位置,恢复定子绕组为△形联结,每相绕组加上额定电压,电动机正常运行。

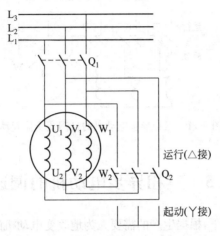

图 6-10  三相异步电动机的Y-△起动

设定子绕组每相阻抗为 $|Z|$,电源线电压为 $U_1$,△形联结时直接起动的线电流为 $I_{st\triangle}$,Y形联结降压起动时的线电流为 $I_{stY}$,则有

$$\frac{I_{stY}}{I_{st\triangle}} = \frac{\frac{U_1}{\sqrt{3}|Z|}}{\sqrt{3}\frac{U_1}{|Z|}} = \frac{1}{3} \tag{6-9}$$

电磁转矩与定子绕组相电压的平方成正比,所以用Y-△起动时的起动转矩也减小为直接起动时的 1/3,即

$$T_{stY} = \frac{1}{3}T_{st\triangle} \tag{6-10}$$

Y-△换接起动设备简单,操作方便,动作可靠。对于正常运行时,定子绕组是Y形联结的电动机,不能采用这种起动方法,可采用自耦降压起动法。

自耦降压起动就是利用三相自耦变压器将电动机起动时的定子绕组线电压降低,以达到减小起动电流的目的,其原理如图 6-11 所示。三相自耦变压器接成星形,用一个双掷转换开关 $Q_2$ 来控制变压器的接入或脱离。起动时,三相交流电源接入自耦变压器的一次侧,电动机的定子绕组则接到自耦变压器的二次侧,这时电动机得到的电压低于电源电压,因而减小了起动电流。

自耦降压起动时,电动机定子电压降为直接起动时的 $1/k$,起动转矩降为直接起动时的 $1/k^2$;定子电流降为直接起动时的 $1/k$,而变压器一次绕组电流则降为直接起动时的 $1/k^2$。

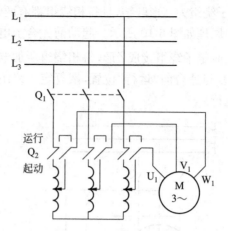

图 6-11 三相异步电动机的自耦变压器起动

## 6.5 三相异步电动机的调速

调速就是在一定的负载下,根据生产的需要人为地改变电动机的转速。这是生产机械经常向电动机提出的要求。调速性能的好坏往往直接影响到生产机械的工作效率和产品质量。

根据转差率的定义,异步电动机的转速为

$$n=(1-s)n_0=(1-s)\frac{60f_1}{p} \tag{6-11}$$

异步电动机的调速可通过改变磁极对数 $p$、转差率 $s$ 以及电源的频率 $f_1$ 来实现。

### 1. 改变磁极对数 $p$ 调速

改变三相定子绕组中每相绕组的绕组数目及其连接方法就可以改变旋转磁场的磁极对数,如图 6-12 所示。

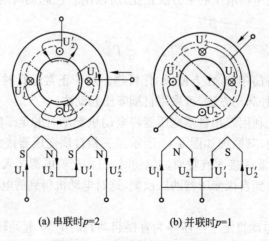

(a) 串联时 $p=2$      (b) 并联时 $p=1$

图 6-12 三相异步电动机的变极

改变磁极对数调速不能实现平滑无级调速。

## 2. 改变电源频率 $f_1$ 调速

改变三相异步电动机的电源频率 $f_1$，可以得到平滑的调速，它属于无级调速，其调速性能好，但它需要一套专用变频设备。

## 3. 改变转差率 s 调速

改变转差率 $s$ 调速是在不改变同步转速 $n_0$ 条件下的调速，通常用于绕线转子异步电动机。通过在转子电路中串接调速电阻来改变转子电路电阻 $R_2$，进而改变电动机的机械特性来实现。

这种调速方法的优点是线路简单，调速电阻往往可兼作起动电阻；缺点是功率损耗大，使电动机的效率降低，常用于起重设备中。

# 6.6 三相异步电动机的制动

制动就是让电动机产生一个与转子相反的电磁转矩，以使电力拖动系统迅速停机或稳定下放重物。这时电动机所处的状态称为制动状态，此时的电磁转矩为制动转矩。三相异步电动机常用的制动方法有能耗制动、反接制动和反馈制动。

## 1. 能耗制动

能耗制动的原理如图 6-13 所示。制动时，把电源开关合向制动位置，让直流电通入 V、W 两相绕组，在定子与转子之间形成静止的磁场。转子电流与固定磁场相互作用产生制动转矩，电阻 $R_P$ 用来限制转矩的大小。

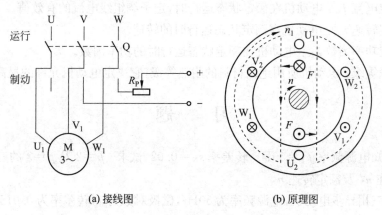

(a) 接线图　　(b) 原理图

图 6-13 三相异步电动机的能耗制动

## 2. 反接制动

当电动机断开三相电源后，立即改换电源的相序，并重新接入电动机定子绕组，这样旋转磁场的方向发生了改变，当转速接近于零时，再把电源切断，其原理如图 6-14 所示。

## 3. 反馈制动

反馈制动发生在电动机转速 $n$ 大于旋转磁场转速 $n_0$ 的时候，这时转子绕组切割旋转磁场方向与原状态相反，转子绕组感应电动势和电流方向也随之相反，电磁转矩成为制动转

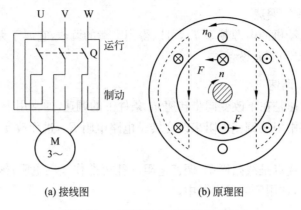

(a) 接线图　　　　　　　(b) 原理图

图 6-14　三相异步电动机的反接制动

矩。此时的电动机已转入发电机运行状态。

## 6.7　三相异步电动机的额定值

电动机外壳上附有电动机的铭牌,铭牌上标有该电动机的额定值。三相异步电动机的额定值主要有 $n_N$、$I_N$、$U_N$、$P_N$。

(1) 额定功率 $P_N$：电动机在额定状态运行时,电动机轴上所输出的机械功率。

(2) 额定电压 $U_N$：电动机在额定状态运行时,定子绕组应加的线电压有效值。

(3) 额定电流 $I_N$：电动机在额定状态运行时,定子绕组线电流的有效值。

(4) 额定转速 $n_N$：电动机在额定状态运行时的转速。

(5) 额定功率因数 $\lambda_N$：电动机在额定状态运行时的功率因数。

(6) 绝缘等级：电动机所用绝缘材料的耐热等级,它决定电动机允许的最高工作温度。

## 习　题

**6-1**　已知电源频率 $f_1=50\text{Hz}$,转差率 $s_N=0.02$,试求：$p=2$ 及 $p=3$ 的三相异步电动机的同步转速 $n_1$ 及额定转速 $n_N$。

**6-2**　某三相异步电动机,电源频率为 50Hz,磁极对数为 1,转差率为 0.015,试求：三相异步电动机的同步转速 $n_1$、转子转速 $n$ 和转子频率 $f_2$。

**6-3**　已知 Y100L1-4 型三相异步电动机,额定功率为 2.2kW,额定转速为 1420r/min,功率因数为 0.82,效率为 81%,额定电压为 380V,额定频率为 50Hz,采用Y联结。试求：(1)额定相电流和线电流；(2)额定转矩；(3)额定转差率及转子电流频率。

**6-4**　型号 Y160M-2 三相异步电动机,额定功率 $P_N=11\text{kW}$,额定转速为 $n_N=2930\text{r/min}$,$\lambda_m=2.2$,$\lambda_{st}=2$。试求：额定转矩 $T_N$、最大转矩 $T_m$、起动转矩 $T_{st}$。

**6-5**　一台三相异步电动机的额定功率为 4kW,额定电压为 220V/380V,Y-△联结,额定转速为 1450r/min,额定功率因数为 0.85,额定效率为 86%,试求：(1)额定运行时的输入功率；(2)两种接法时的额定电流；(3)额定转矩。

**6-6** 某三相异步电动机额定功率为 95kW,需降压起动。如果电源电压是 380V,电动机铭牌上标有 380V,△接法,220A。试问:(1)能否采用Y-△换接起动?(2)若起动电流为额定电流的 6 倍,采用Y-△换接起动,起动电流减小到多少?

**6-7** 一台△形联结的三相笼型异步电动机,若在额定电压下起动,流过每相绕组的起动电流 $I_{st}=20.84\text{A}$,起动转矩 $T_{st}=26.39\text{N}\cdot\text{m}$,试求:(1)Y-△换接起动;(2)用电压比 $k=2$ 的自耦变压器降压起动,两种情况下的起动电流和起动转矩。

# 异步电动机的继电接触控制

本章主要介绍常用低压电器的结构、工作原理及三相异步电动机的起动、调速、制动等基本控制电路,以便为分析和设计电气线路打下基础,最后简单介绍可编程控制器。

## 7.1 常用的低压控制电器

由按钮、开关、接触器、继电器等低压电器组成的控制电路称为继电接触控制电路。利用继电接触器控制电路可以控制电动机的工作状态,如起动、正/反转、调速、自动往返、制动以及多台电动机协同动作等,有利于生产过程的自动化和远距离操作,因此继电接触控制在生产中得到了广泛应用。

常用的低压电器种类很多,按其操作方式可分为手动电器和自动电器两类。由运行人员手动操作才动作的电器称为手动电器,如刀开关、组合开关、按钮等;凡是按指令、信号或某个物理量的变化而自动动作的电器称为自动电器,如各种继电器、接触器和行程开关等。

按用途分,低压电器又可分为控制电器和保护电器。用来控制电路的接通、断开的电器,称为控制电器,如各种开关、接触器、继电器等;用来保护电源和用电设备的电器,称为保护电器,如熔断器和热继电器等。不少电器既可作为控制电器,又可作为保护电器,它们之间并没有明显的界限。

### 1. 刀开关

刀开关用于不经常操作的电路中,用来接通或断开电路,或用来将电路与电源隔离,有时也用来直接起、停小功率电动机。

刀开关由绝缘底板、静插座、手柄、触刀和铰链支座等部分组成,图 7-1(a)为其结构简图。推动手柄使触刀绕铰链支座转动,就可将触刀插入静插座内,电路就被接通。若使触刀绕铰链支座做反向转动,脱离插座,电路就被切断。为了保证触刀和插座合闸时接触良好,它们之间必须具有一定的接触压力,为此,额定电流较小的刀开关插座多用硬紫铜制成,利用材料的弹性来产生所需压力,额定电流大的刀开关还要通过在插座两侧加弹簧片来增加压力。

低压刀开关种类很多,按闸刀的极数可分为单极、双极和三极等几种,常用的刀开关的图形符号如图 7-1(b)所示。

### 2. 组合开关

组合开关又称转换开关,它实质上也是一种刀开关,只不过一般刀开关的操作手柄是在

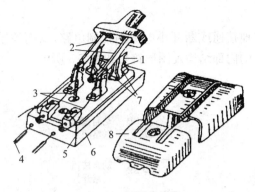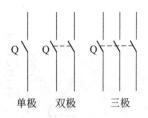

(a) 刀开关的结构　　　　　　　(b) 刀开关的图形符号

图 7-1　刀开关的结构及图形符号

1—电源进线座；2—动触头；3—熔丝；4—负载线；5—负载接线座；6—瓷底座；7—静触头；8—胶木片

垂直于其安装面的平面内向上或向下转动，而组合开关的操作手柄则是在平行于其安装面的平面内向左或向右转动而已。它的刀片是转动式的，操作比较轻巧，它的动触头（刀片）和静触头装在封装的绝缘件内，采用叠装式结构，其层数由动触头数量决定。动触头装在操作手柄的转轴上，随转轴旋转而改变各对触头的通断状态。组合开关一般用于非频繁的接通和分断电路、接通电源和负载、测量三相电压以及控制小容量异步电动机的正/反转和Y-△起动等，其结构及图形符号分别如图 7-2 所示。

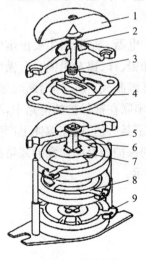

(a) 组合开关的结构　　　　　　(b) 组合开关的图形符号

图 7-2　组合开关的结构及图形符号

1—手柄；2—转轴；3—弹簧；4—凸轮；5—绝缘杆；6—绝缘垫板；
7—动触片；8—静触片；9—接线柱

组合开关的主要技术参数有额定电压、额定电流、极数等，其中额定电流有 10A、25A、60A 等几级。全国统一设计的常用产品有 HZS、HZ10 系列和新型组合开关 HZ15 等系列。

### 3. 按钮

控制按钮的作用通常是用来短时间地接通或断开小电流的控制电路，从而控制电动机或其他电器设备的运行。典型控制按钮的内部结构及图形符号如图7-3所示。

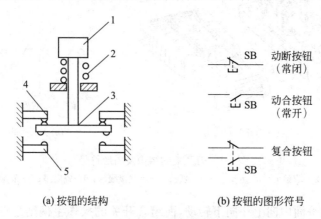

(a) 按钮的结构　　　　　　(b) 按钮的图形符号

图 7-3　按钮的结构及图形符号

1—按钮帽；2—复位弹簧；3—桥式触头；4—常闭触头或动断触点；5—常开触头或动合触点

按钮的触点可以含有多对，可以根据需要组合成多组动合和动断触点，构成一种多联按钮，如双联按钮和三联按钮。为了区别按钮在电路中所具有的控制功能，一般在实用按钮的按钮帽上设置不同的颜色，如起动按钮一般为绿色，而停止按钮为红色。

### 4. 熔断器

熔断器是一种广泛应用的简单而有效的保护电器。熔断器主要由熔体和安装熔体的熔管或熔座两部分组成。熔体由熔点较低的材料如铅、锌、锡及铅锡合金做成丝状或片状。熔管是熔体的保护外壳，由陶瓷、绝缘钢纸或玻璃纤维制成，在熔体熔断时兼起灭弧作用。

在使用中，熔断器中的熔体（也称为保险丝）串联在被保护的电路中，当该电路发生过载或短路故障时，如果通过熔体的电流达到或超过了某一值，则在熔体上产生的热量便会使其温度升高到熔体的熔点，导致熔体自行熔断，达到保护的目的。瓷插式熔断器的结构符号如图7-4(a)所示，熔断器的图形符号如图7-4(b)所示。

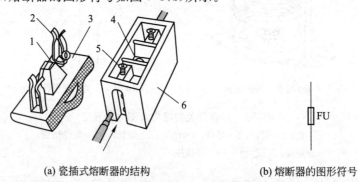

(a) 瓷插式熔断器的结构　　　　　　(b) 熔断器的图形符号

图 7-4　熔断器的结构及图形符号

1—动触片；2—熔体；3—瓷盖；4—瓷底；5—静触点；6—灭弧室

### 5. 交流接触器

接触器是一种适用于在低压配电系统中远距离控制、频繁操作交流主电路及大容量控制电路的自动控制开关电器。主要应用于控制交流电动机、电热设备、电容器组等设备，应用十分广泛。

接触器具有强大的执行机构，其大容量的主触头具有迅速熄灭电弧的能力。当系统发生故障时，能根据故障检测元件所给出的动作信号并迅速、可靠地切断电源，且有低压释放功能。

当交流接触器线圈通电后，在铁心中产生磁通，由此在衔铁气隙处产生吸力，使衔铁产生闭合动作，主触点在衔铁的带动下也闭合，于是接通了主电路。同时衔铁还带动辅助触点动作，使原来打开的辅助触点闭合，并使原来闭合的辅助触点打开。当线圈断电或电压显著降低时，吸力消失或减弱，衔铁在释放弹簧的作用下打开，主、副触点又恢复到原来状态。交流接触器的结构及图形符号如图 7-5 所示。

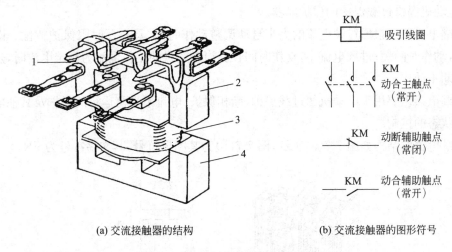

(a) 交流接触器的结构　　　　　　　　(b) 交流接触器的图形符号

图 7-5　交流接触器的结构及图形符号

1—主触头；2—衔铁；3—电磁线圈；4—静铁心

### 6. 中间继电器

中间继电器的触点多、容量相对较小，一般作为中间控制环节，用以传递信号或同时控制多个电路，对小功率电动机也可代替接触器做接通和切断电源使用。中间继电器的结构和动作原理与交流接触器相似，但没有主、辅触点之分。在选用中间继电器时，主要是考虑电压等级和触点数量。中间继电器的文字符号为 KA，其结构及图形符号如图 7-6 所示。

### 7. 热继电器

电动机在实际运行中常遇到过载情况。若电动机过载不大，时间较短，电动机绕组不超过允许温升，这种过载是允许的。但若过载时间长，过载电流大，电动机绕组的温升就会超过允许值，使电动机绕组绝缘老化，缩短电动机的使用寿命，严重时甚至会使电动机绕组烧

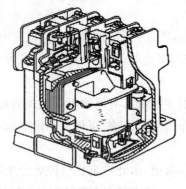
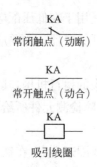

(a) 中间继电器的结构　　　　(b) 中间继电器的图形符号

图 7-6　中间继电器的结构及图形符号

毁。热继电器就是利用电流的热效应原理，在出现电动机不能承受的过载时切断电动机电路，为电动机提供过载保护的保护电器。

热继电器可以根据过载电流的大小自动调整动作时间，具有反时限保护特性。即过载电流大，动作时间短；过载电流小，动作时间长。当电动机的工作电流为额定电流时，热继电器应长期不动作。

热继电器主要用于电动机的过载保护、断相保护、电流不平衡运行的保护及其他电气设备发热状态的控制。

热继电器的结构如图 7-7(a)所示，图 7-7(b)为其图形符号，其文字符号为 FR。

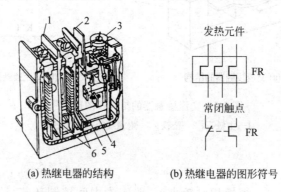

(a) 热继电器的结构　　　　(b) 热继电器的图形符号

图 7-7　热继电器的结构及图形符号

1—接线柱；2—复位按钮；3—调节旋钮；4—动断触点；5—动作机构；6—热元件

### 8. 低压断路器

低压断路器的作用为当电路发生过载、短路和欠电压等不正常情况时自动断开电路，从而保护电气设备。保护装置有过电流脱扣器及欠电压脱扣器，它们都是电磁铁。过电流脱扣器保护短路及过载，欠电压脱扣器实现欠电压保护。图 7-8 为低压断路器的外形及内部结构。

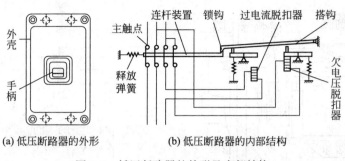

(a) 低压断路器的外形　　　　(b) 低压断路器的内部结构

图 7-8　低压断路器的外形及内部结构

## 9. 行程开关

某些生产机械运动状态的转换是靠部件运行到一定位置时由行程开关发出信号进行自动控制的。例如，行车运动到终端位置自动停车、工作台在指定区域内自动往返移动，这些运动都是由运动部件运动的位置或行程来控制的，这种控制称为行程控制。

行程控制是以行程开关代替按钮用以实现对电动机的起动和停止控制，可分为限位断电、限位通电和自动往复循环等控制。

几种行程开关的外形如图 7-9(a)所示，图形符号如图 7-9(b)所示。行程开关的文字符号为 SQ。

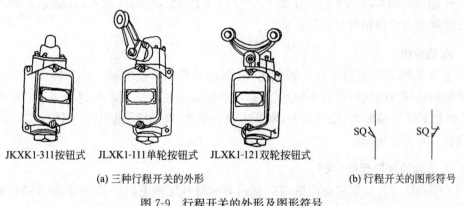

JKXK1-311按钮式　JLXK1-111单轮按钮式　JLXK1-121双轮按钮式

(a) 三种行程开关的外形　　　　(b) 行程开关的图形符号

图 7-9　行程开关的外形及图形符号

## 10. 时间继电器

在感受外界信号后，经过一段时间才能使执行部分动作的继电器叫作时间继电器，即当吸引线圈通电或断电以后，其触头经过一定延时以后再动作，以控制电路的接通或分断。它被广泛用来控制生产过程中按时间原则制定的工艺程序，如作为绕线转子异步电动机起动时切断转子电阻的加速继电器、笼型异步电动机Y-△起动等。

时间继电器的种类很多，主要有电磁式、空气阻尼式、电动式、电子式等几大类。延时方式有通电延时和断电延时两种。空气阻尼式时间继电器的外形结构如图 7-10(a)所示。图 7-10(b)为时间继电器的图形符号，其文字符号为 KT。

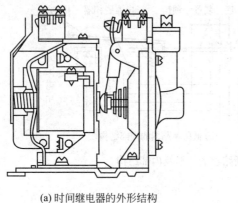 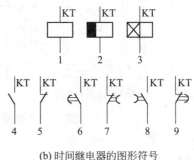

(a) 时间继电器的外形结构　　　　　(b) 时间继电器的图形符号

图 7-10　时间继电器的外形结构及图形符号

## 7.2　三相异步电动机的基本控制电路

### 7.2.1　直接起动控制电路

直接起动即起动时把电动机直接接入电网,加上额定电压,一般来说,额定功率 7kW 以下的三相异步电动机都可以直接起动。

**1. 点动控制**

合上开关 S,三相电源被接入控制电路,但电动机还不能起动。按下按钮 SB,接触器 KM 线圈通电,衔铁吸合,常开主触点接通,电动机定子接入三相电源起动运转。松开按钮 SB,接触器 KM 线圈断电,衔铁松开,常开主触点断开,电动机因断电而停转。图 7-11 为异步电动机点动控制电路。

**2. 带自锁的直接起动控制**

(1) 起动过程。按下起动按钮 $SB_1$,接触器 KM 线圈通电,与 $SB_1$ 并联的 KM 的辅助常开触点闭合,以保证松开按钮 $SB_1$ 后 KM 线圈持续通电,串联在电动机回路中的 KM 的主触点持续闭合,电动机连续运转,从而实现连续运转控制。

(2) 停止过程。按下停止按钮 $SB_2$,接触器 KM 线圈断电,与 $SB_1$ 并联的 KM 的辅助常开触点断开,以保证松开按钮 $SB_2$ 后 KM 线圈持续失电,串联在电动机回路中的 KM 的主触点持续断开,电动机停转。与 $SB_1$ 并联的 KM 的辅助常开触点的这种作用称为自锁。

图 7-12 为带自锁的异步电动机直接起动控制电路,该控制电路还可实现短路保护、过载保护和零压保护。

起短路保护作用的是串接在主电路中的熔断器 FU。一旦电路发生短路故障,熔体立即熔断,电动机立即停转。

起过载保护作用的是热继电器 FR。当过载时,热继电器的发热元件发热,将其常闭触

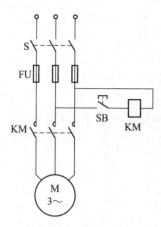
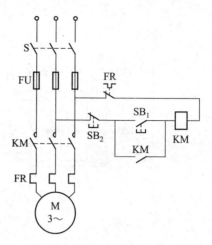

图 7-11  异步电动机点动控制电路　　图 7-12  带自锁的异步电动机直接起动控制电路

点断开,使接触器 KM 线圈断电,串联在电动机回路中的 KM 的主触点断开,电动机停转。同时 KM 辅助触点也断开,解除自锁。故障排除后若要重新起动,需按下 FR 的复位按钮,使 FR 的常闭触点复位(闭合)即可。

起零压(或欠压)保护作用的是接触器 KM 本身。当电源暂时断电或电压严重下降时,接触器 KM 线圈的电磁吸力不足,衔铁自行释放,使主、辅触点自行复位,切断电源,电动机停转,同时解除自锁。

## 7.2.2 正反转控制

**1. 简单的正/反转控制**

图 7-13 为一种简单的异步电动机正/反转控制电路,其工作原理如下。

(1) 正向起动过程。按下起动按钮 $SB_1$,接触器 $KM_1$ 线圈通电,与 $SB_1$ 并联的 $KM_1$ 的辅助常开触点闭合,以保证 $KM_1$ 线圈持续通电,串联在电动机回路中的 $KM_1$ 的主触点持续闭合,电动机连续正向运转。

(2) 停止过程。按下停止按钮 $SB_3$,接触器 $KM_1$ 线圈断电,与 $SB_1$ 并联的 $KM_1$ 的辅助触点断开,以保证 $KM_1$ 线圈持续失电,串联在电动机回路中的 $KM_1$ 的主触点持续断开,切断电动机定子电源,电动机停转。

(3) 反向起动过程。按下起动按钮 $SB_2$,接触器 $KM_2$ 线圈通电,与 $SB_2$ 并联的 $KM_2$ 的辅助常开触点闭合,以保证线圈持续通电,串联在电动机回路中的 $KM_2$ 的主触点持续闭合,电动机连续反向运转。

缺点:$KM_1$ 和 $KM_2$ 线圈不能同时通电,因此不能同时按下 $SB_1$ 和 $SB_2$,也不能在电动机正转时按下反转起动按钮,或在电动机反转时按下正转起动按钮。如果操作错误,将引起主回路电源短路。

**2. 带电气互锁的正/反转控制电路**

图 7-14 为带电气互锁的异步电动机正/反转控制电路。

# 电工电子技术基础

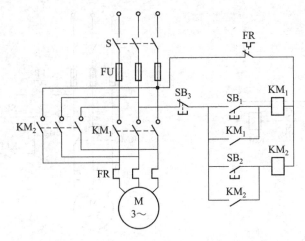

图 7-13　简单的异步电动机正/反转控制电路

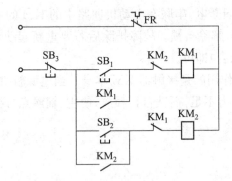

图 7-14　带电气互锁的异步电动机正/反转控制

接触器 $KM_1$ 的辅助常闭触点串入 $KM_2$ 的线圈回路中,从而保证在 $KM_1$ 线圈通电时 $KM_2$ 线圈回路总是断开的;将接触器 $KM_2$ 的辅助常闭触点串入 $KM_1$ 的线圈回路中,从而保证在 $KM_2$ 线圈通电时 $KM_1$ 线圈回路总是断开的。这样接触器的辅助常闭触点 $KM_1$ 和 $KM_2$ 保证了两个接触器线圈不能同时通电,这种控制方式称为互锁或者联锁,这两个辅助常开触点称为互锁或者联锁触点。

缺点:电路在具体操作时,若电动机处于正转状态要反转时必须先按停止按钮 $SB_3$,使互锁触点 $KM_1$ 闭合后按下反转起动按钮 $SB_2$ 才能使电动机反转;若电动机处于反转状态要正转时必须先按停止按钮 $SB_3$,使互锁触点 $KM_2$ 闭合后按下正转起动按钮 $SB_1$ 才能使电动机正转。

**3. 同时具有电气互锁和机械互锁的正/反转控制电路**

采用复式按钮,将 $SB_1$ 按钮的常闭触点串接在 $KM_2$ 的线圈电路中;将 $SB_2$ 的常闭触点串接在 $KM_1$ 的线圈电路中,如图 7-15 所示。这样,无论何时,只要按下反转起动按钮,在 $KM_2$ 线圈通电之前就首先使 $KM_1$ 断电,从而保证 $KM_1$ 和 $KM_2$ 不同时通电;从反转到正转的情况也是一样的。这种由机械按钮实现的互锁也叫机械互锁或按钮互锁。

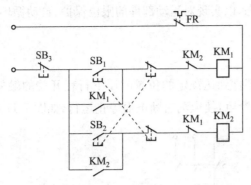

图 7-15 具有电气互锁和机械互锁的异步电动机正/反转控制电路

### 7.2.3 Y-△降压起动控制

图 7-16 为异步电动机的Y-△降压起动控制电路。

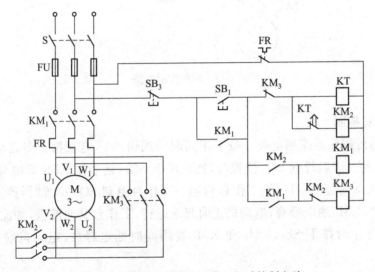

图 7-16 异步电动机Y-△降压起动控制电路

按下起动按钮 $SB_1$，时间继电器 KT 和接触器 $KM_2$ 同时通电吸合，$KM_2$ 的常开主触点闭合，把定子绕组连接成星形，其常开辅助触点闭合，接通接触器 $KM_1$。$KM_1$ 的常开主触点闭合，将定子接入电源，电动机在星形连接下起动。$KM_1$ 的一对常开辅助触点闭合，进行自锁。经一定延时，KT 的常闭触点断开，$KM_2$ 断电复位，接触器 $KM_3$ 通电吸合。$KM_3$ 的常开主触点将定子绕组接成三角形，使电动机在额定电压下正常运行。与按钮 $SB_1$ 串联的 $KM_3$ 的常闭辅助触点的作用是：当电动机正常运行时，该常闭触点断开，切断了 KT、$KM_2$ 的通路，即使误按按钮 $SB_1$，KT 和 $KM_2$ 也不会通电，以免影响电路正常运行。若要停车，则按下停止按钮 $SB_3$，接触器 $KM_1$、$KM_3$ 同时断电释放，电动机脱离电源停止转动。

### 7.2.4 行程控制

行程控制是利用行程开关测量运动部件所达到的位置，并将此信号回送控制电路，从而改变运动部件的运动状态,以实现对运动部件的限位保护、自动循环、程序控制、变速和制动等控制。

**1. 限位控制**

当生产机械的运动部件到达预定的位置时压下行程开关的触杆,将行程开关 SQ 的常闭触点断开,接触器线圈断电,使电动机断电而停止运行,如图 7-17 所示。

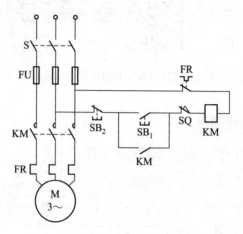

图 7-17　限位控制电路

**2. 行程往返控制**

图 7-18 为行程往返控制电路。按下正向起动按钮 $SB_1$,电动机正向起动运行,带动工作台向前运动。当运行到 $SQ_2$ 位置时,挡块压下 $SQ_2$,接触器 $KM_1$ 断电释放,$KM_2$ 通电吸合,电动机反向起动运行,使工作台后退。工作台退到 $SQ_1$ 位置时,挡块压下 $SQ_1$,$KM_2$ 断电释放,$KM_1$ 通电吸合,电动机正向起动运行,工作台又向前进,如此一直循环下去,直到需要停止时按下 $SB_3$,$KM_1$ 和 $KM_2$ 线圈同时断电释放,电动机脱离电源停止转动。

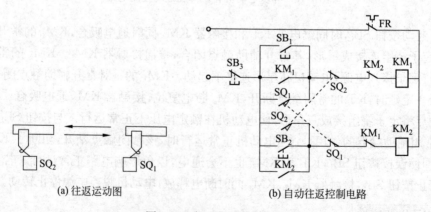

(a) 往返运动图　　　　　　(b) 自动往返控制电路

图 7-18　行程往返控制电路

## 7.3 可编程控制器

可编程控制器(PLC)英文全称为 Programmable Logic Controller,中文全称为可编程逻辑控制器。它采用一类可编程的存储器,用于其内部存储程序,执行逻辑运算、顺序控制、定时、计数与算术操作等面向用户的指令,控制各种类型的机械或生产过程。

### 7.3.1 PLC 的发展历程

传统上,开关量的顺序控制及离散量的数据采集功能是通过继电接触控制系统来实现的。1968 年美国 GM(通用汽车)公司提出取代继电器控制装置的要求。第二年,美国数字公司研制出了基于集成电路和电子技术的控制装置,首次将程序化的手段应用于电气控制,这就是第一代可编程控制器,称为 Programmable Controller(PC)。个人计算机(简称 PC)发展起来后,为了反映可编程控制器的功能特点,可编程控制器定名为 Programmable Logic Controller(PLC),现在仍常常将 PLC 简称 PC。

PLC 的定义有许多种,国际电工委员会(IEC)对 PLC 的定义是:可编程控制器是一种数字运算操作的电子系统,专为在工业环境下应用而设计。它采用可编程的存储器,用来在其内部存储执行逻辑运算、顺序控制、定时、计数和算术运算等操作的指令,并通过数字的、模拟的输入和输出,控制各种类型的机械或生产过程。可编程控制器及其有关设备都应按易于与工业控制系统形成一个整体,易于扩充其功能的原则设计。

20 世纪 80 年代至 90 年代中期是 PLC 发展最快的时期,年增长率一直保持为 30%～40%。在这一时期,PLC 的处理模拟量能力、数字运算能力、人机接口能力和网络能力得到大幅度提高,PLC 逐渐进入过程控制领域,在某些应用上取代了在过程控制领域处于统治地位的 DCS 系统。PLC 具有通用性强、使用方便、适应面广、可靠性高、抗干扰能力强、编程简单等特点。PLC 在工业自动化控制特别是顺序控制中的地位在可预见的将来是无法取代的。

### 7.3.2 PLC 的结构

PLC 基本组成包括中央处理器(CPU)、存储器、输入/输出接口(缩写为 I/O,包括输入接口、输出接口、外部设备接口、扩展接口等)、外部设备编程器及电源模块组成,如图 7-19 所示。PLC 内部各组成单元之间通过电源总线、控制总线、地址总线和数据总线连接,外部则根据实际控制对象配置相应设备与控制装置构成 PLC 控制系统。

从结构上分,PLC 分为固定式和组合式(模块式)两种。固定式 PLC 包括 CPU 板、I/O 板、显示面板、内存块、电源等,这些元素组合成一个不可拆卸的整体。模块式 PLC 包括 CPU 模块、I/O 模块、内存、电源模块、底板或机架,这些模块可以按照一定规则组合配置。

#### 1. CPU

CPU 是 PLC 的核心,起神经中枢的作用,每套 PLC 至少有一个 CPU,它按 PLC 的系统程序赋予的功能接收并存储用户程序和数据,用扫描的方式采集由现场输入装置送来的状态或数据,并存入规定的寄存器中,同时诊断电源和 PLC 内部电路的工作状态和编程过程中的语法错误等。开始运行后,从用户程序存储器中逐条读取指令,经分析后再按指令规定的任务产生相应的控制信号去指挥有关的控制电路。CPU 主要由运算器、控制器、寄存

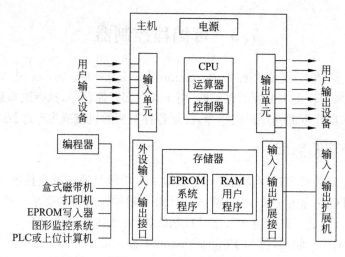

图 7-19 PLC 的基本组成

器及实现它们之间联系的数据、控制及状态总线构成,CPU 单元还包括外围芯片、总线接口及有关电路。内存主要用于存储程序及数据,是 PLC 不可缺少的组成单元。

对于使用者而言,不必详细分析 CPU 的内部电路,但对各部分的工作机制还是应有足够的理解。CPU 的控制器控制 CPU 工作,由它读取指令、解释指令及执行指令。但工作节奏由振荡信号控制。运算器用于进行数字或逻辑运算,在控制器指挥下工作。寄存器参与运算,并存储运算的中间结果,它也是在控制器指挥下工作。CPU 速度和内存容量是 PLC 的重要参数,它们决定着 PLC 的工作速度、I/O 数量及软件容量等,因此限制着控制规模。

2. I/O 模块

PLC 与电气回路的接口是通过输入/输出模块(I/O)完成的。I/O 模块集成了 PLC 的 I/O 电路,其输入暂存器反映输入信号状态,输出点反映输出锁存器状态。输入模块将电信号变换成数字信号进入 PLC 系统,输出模块相反。I/O 分为开关量输入(DI)、开关量输出(DO)、模拟量输入(AI)、模拟量输出(AO)等模块。开关量是指只有开和关(1 和 0)两种状态的信号,模拟量是指连续变化的量。常用的 I/O 分类如下。

(1) 开关量:按电压水平分,有 220V AC、110V AC、24V DC;按隔离方式分,有继电器隔离和晶体管隔离。

(2) 模拟量:按信号类型分,有电流型(4~20mA、0~20mA)、电压型(0~10V、0~5V、-10~10V)等;按精度分,有 12bit、14bit、16bit 等。

除了上述通用 I/O 外,还有特殊 I/O 模块,如热电阻、热电偶、脉冲等模块。按 I/O 点数确定模块规格及数量,I/O 模块可多可少,但其最大点数受 CPU 所能管理的基本配置能力所限制,即受最大的底板或机架槽数限制。

3. 电源模块

PLC 电源为 PLC 各模块的集成电路提供工作电源。同时,有的还为输入电路提供 24V 的工作电源。

4. 底板或机架

大多数模块式 PLC 使用底板或机架,其作用是在电气上实现各模块间的联系,使 CPU

能访问底板上的所有模块;同时在机械上实现各模块间的连接,使各模块构成一个整体。

### 7.3.3 PLC 的通信联网

依靠先进的工业网络技术可以迅速有效地收集、传送和管理数据。因此,网络在自动化系统集成工程中的重要性越来越显著,甚至有人提出"网络就是控制器"的观点。PLC 具有通信联网的功能,它使 PLC 与 PLC 之间、PLC 与上位计算机以及与其他智能设备之间能够交换信息,形成一个统一的整体,实现分散集中控制。多数 PLC 具有 RS-232 接口,还有一些内置支持各自通信协议的接口。

PLC 的通信还未实现互操作性,IEC 规定了多种现场总线标准,PLC 各厂家均有采用。对于一个自动化工程(特别是中大规模控制系统)来讲,选择网络是非常重要的。首先,网络必须是开放的,以方便不同设备的集成及未来系统规模的扩展;其次,针对不同网络层次的传输性能要求选择网络的形式,这必须在较深入地了解该网络标准的协议、机制的前提下进行;最后,综合考虑系统成本、设备兼容性、现场环境适用性等具体问题,确定不同层次所使用的网络标准。

### 7.3.4 PLC 的工作原理

PLC 是采用"顺序扫描,不断循环"的方式进行工作的,即在 PLC 运行时,CPU 根据用户按控制要求编制好并存于用户存储器中的程序,按指令步序号(或地址号)做周期性循环扫描,如无跳转指令,则从第一条指令开始逐条顺序执行用户程序,直至程序结束。然后重新返回第一条指令,开始下一轮新的扫描。在每次扫描过程中,还要完成对输入信号的采样和对输出状态的刷新等工作。

PLC 的一个扫描周期分为输入采样、程序执行和输出刷新三个阶段。PLC 在输入采样阶段:以扫描方式按顺序将所有暂存在输入锁存器中的输入端子的通断状态或输入数据读入,并将其写入各对应的输入状态寄存器中,即刷新输入。随即关闭输入端口,进入程序执行阶段。PLC 在程序执行阶段:按用户程序指令存放的先后顺序扫描执行每条指令,经相应的运算和处理后,将结果写入输出状态寄存器中,输出状态寄存器中所有的内容随着程序的执行而改变。PLC 在输出刷新阶段:当所有指令执行完毕,输出状态寄存器的通断状态在输出刷新阶段被送至输出锁存器中,并通过一定的方式(继电器、晶体管或晶闸管)输出,驱动相应输出设备工作。

### 7.3.5 PLC 的编程语言

PLC 最常用的两种编程语言,一是助记符语言表;二是梯形图。采用助记符形式便于实验,因为它只需要一台简易编程器,而不必用昂贵的图形编程器或计算机来编程;采用梯形图编程,因为它直观易懂,但需要一台个人计算机及相应的编程软件。一些高档的 PLC 还具有与计算机兼容的 C 语言、BASIC 语言、专用的高级语言(如西门子公司的 GRAPH5、三菱公司的 MELSAP),还有用布尔逻辑语言、通用计算机兼容的汇编语言等。

指令是 PLC 被告知要做什么,以及怎样去做的代码或符号。从本质上讲,指令只是一些二进制代码,这一点 PLC 与普通的计算机是完全相同的。同时 PLC 也有编译系统,它可以把一些文字符号或图形符号编译成机器码,所以用户看到的 PLC 指令一般不是机器码而是文字代码或图形符号。常用的助记符语句用英文文字(可用多国文字)的缩写及数字代表各相应指令。常用的图形符号即梯形图,它类似于电气原理图,是符号,易为电气工作人员所接受。

　　PLC 所具有的指令的全体称为该 PLC 的指令系统。它包含着指令的多少,各指令都能干什么事,代表着 PLC 的功能和性能。一般来讲,功能强、性能好的 PLC,其指令系统必然丰富,所能干的事也就多。PLC 指令的有序集合,PLC 运行它,可进行相应的工作,当然,这里的程序是指 PLC 的用户程序。用户程序一般由用户设计,PLC 的厂家或代销商不提供。用语句表达的程序不太直观,可读性差,特别是较复杂的程序,更难读,所以多数程序用梯形图表达。

　　梯形图是通过连线把 PLC 指令的梯形图符号连接在一起的连通图,用以表达所使用的 PLC 指令及其前后顺序,它与电气原理图很相似。它的连线有两种:一种为母线;另一种为内部横竖线。内部横竖线把一个个梯形图符号指令连成一个指令组,这个指令组一般总是从装载(LD)指令开始,必要时再继以若干个输入指令(含 LD 指令),以建立逻辑条件。最后为输出类指令,实现输出控制,或为数据控制、流程控制、通信处理、监控工作等指令,以进行相应的工作。图 7-20 是三菱公司的 FX2N 系列产品的最简单的梯形图例。

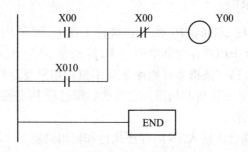

图 7-20　PLC 的梯形图

## 7.3.6　PLC 的主要应用场合

　　最初,PLC 主要用于开关量的逻辑控制。随着 PLC 技术的进步,它的应用领域不断扩大。如今 PLC 不仅用于开关量控制,而且还用于模拟量及数字量的控制,可采集与存储数据,还可对控制系统进行监控;还可联网、通信,实现大范围、跨地域的控制与管理。

**1. 开关量控制**

　　PLC 控制开关量的能力是很强的,所控制的输入/输出点数少的十几点、几十点,多的可达几百点、几千点,甚至几万点。由于它能联网,点数几乎不受限制,不管多少点都能控制。所控制的逻辑问题可以是多种多样的:组合的、时序的、即时的、延时的、不需计数的、需要计数的、固定顺序的、随机工作的等。

　　PLC 的硬件结构是可变的,软件程序是可编的,用于控制时,非常灵活。必要时,可编写多套或多组程序,依需要调用。它很适应于工业现场多工况、多状态变换的需要。用 PLC 进行开关量控制的实例很多,在冶金、机械、轻工、化工、纺织等领域,几乎所有工业行业都需要用到它。目前,PLC 首要的目标也是其他控制器无法与其比拟的,就是它能方便并可靠地用于开关量的控制。

### 2. 模拟量控制

模拟量的大小是连续变化的,如电流、电压、温度、压力等。在工业生产中,特别是连续性生产过程,常要对这些物理量进行控制。作为一种工业控制电子装置,PLC 若不能对这些量进行控制,那将是一大缺陷。为此,各 PLC 厂家都在这方面进行大量的开发。目前,不仅大型机、中型机可以进行模拟量控制,并且小型机也能进行这样的控制。PLC 进行模拟量控制,要配置有模拟量与数字量相互转换的 A/D、D/A 单元。A/D 单元是把外电路的模拟量转换成数字量,然后送入 PLC。D/A 单元是把 PLC 的数字量转换成模拟量,再送给外电路。中、大型 PLC 处理能力更强,不仅可进行数字的加、减、乘、除,还可进行开方、插值、浮点运算。有的还有 PID 指令,可对偏差制量进行比例、微分、积分运算,进而产生相应的输出。

PLC 进行模拟量控制还有 A/D、D/A 组合在一起的单元,并可用 PID 或模糊控制算法实现控制,可得到很高的控制质量。用 PLC 进行模拟量控制的好处是,在进行模拟量控制的同时,开关量也可控制。这个优点是其他控制器所不具备的,或者说控制的实现不如 PLC 方便。

### 3. 数字量控制

实际的物理量除了开关量、模拟量,还有数字量。如机床部件的位移,常以数字量表示。对于数字量的控制,有效的办法是数字控制技术。数字控制技术是 20 世纪 50 年代诞生于美国的基于计算机的控制技术。当今已很普及,也很完善。目前,先进国家的金属切削机床的数控化的比率已超过 40%~80%,有的甚至更高。

PLC 可接收计数脉冲,频率可高达几千赫兹到几十千赫兹。可用多种方式接收脉冲,还可多路接收。有的 PLC 还有脉冲输出功能,脉冲频率也可达几十千赫兹。有了这两种功能,加上 PLC 有数据处理及运算能力,若再配备相应的传感器(如旋转编码器)或脉冲伺服装置(如环形分配器、功放、步进电机),则完全可以依 NC 的原理实现种种控制。高、中档的 PLC 还开发有 NC 单元或运动单元,可实现点位控制。运动单元还可实现曲线插补,可控制曲线运动。所以,若 PLC 配置了这种单元,则完全可以用 NC 的办法进行数字量控制。新开发的运动单元甚至还发行了 NC 技术的编程语言,为更好地用 PLC 进行数字控制提供了方便。

# 习 题

**7-1** 说明接触器的三个主触头连接在电路的哪个部分?辅助常开触头起自锁作用时连接在电路哪个部分?辅助常闭触头起互锁作用时连接在电路哪个部分?

**7-2** 分析图 7-21 所示控制电路,当接通电源后其控制功能是怎样的?

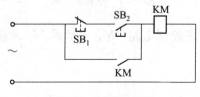

图 7-21 习题 7-2 图

**7-3** 图 7-22 所示为电动机 $M_1$ 和 $M_2$ 的联锁控制电路。试说明 $M_1$ 和 $M_2$ 之间的联锁关系,并问电动机 $M_1$ 可否单独运行? $M_1$ 过载后 $M_2$ 能否继续运行?

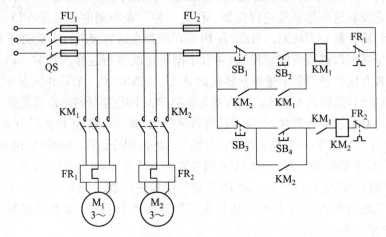

图 7-22 习题 7-3 图

**7-4** 图 7-23 为两台笼型三相异步电动机同时起停和单独起停的单向运行控制电路。(1)说明各文字符号所表示的元器件名称;(2)说明 QS 在电路中的作用;(3)简述同时起停的工作过程。

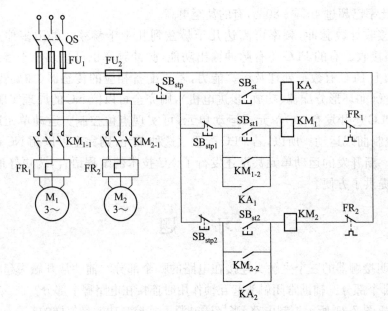

图 7-23 习题 7-4 图

**7-5** 设计两台电动机顺序控制电路:$M_1$ 起动后 $M_2$ 才能起动;$M_2$ 停转后 $M_1$ 才能停转。

# 半导体二极管与三极管

半导体器件是构成各种电子电路的基础。本章介绍半导体的基本概念、半导体二极管和半导体三极管的结构、工作原理、特性曲线和主要参数,为今后学习电子电路分析和设计打下基础。

## 8.1 半导体基础知识

半导体器件是近代电子设备的重要组成部分,具有体积小、质量轻、使用寿命长、输入功率小等优点,在工业上得到了广泛的应用。

### 8.1.1 半导体概念、特点

自然界中的物质,按其导电能力的差异,可分为导体、半导体和绝缘体三大类。导电能力介于导体和绝缘体之间的一大类物质,被称为半导体,例如,锗、硅、硒、砷化镓以及大多数硫化物和氧化物等。半导体具有以下特点。

(1) 光敏性:当半导体受到外界光的刺激时,其导电能力会显著增强。

(2) 热敏性:温度升高,会使半导体的导电能力显著增强。

(3) 掺杂性:在纯净的半导体中加入微量的杂质,半导体的导电能力会显著增加,这是半导体最突出的性质。

### 8.1.2 本征半导体

完全纯净的、具有晶体结构的半导体称为本征半导体。常用的半导体材料是硅(Si)和锗(Ge),它们各有 4 个价电子,都是 4 价元素。以硅晶体为例,每个硅原子最外层的 4 个价电子分别和周围 4 个硅原子的价电子形成共用电子对,构成共价键结构,如图 8-1 所示。

室温下,晶体中仅会有极少数价电子因受热而获得足够的能量,摆脱共价键的束缚,从共价键中挣脱出来,成为自由电子,这一现象称为热激发。与此同时,失去价电子的硅原子在该共价键上留下了一个空位,这个空位称为空穴,空穴显示出带正电,如图 8-2 所示。很显然,在本征半导体中每产生一个自由电子必然会有一个空穴出现,自由电子与空穴总是成对出现的,所以自由电子与空穴数目相等。

在室温下,本征半导体内产生的电子空穴对数目是很少的。当本征半导体受到外界电场作用时,其内部自由电子将做逆外电场方向的定向运动,形成电场作用下的电子流;空穴吸引相邻的价电子来填补,而在该原子中出现一个空穴,其结果相当于空穴的运动(相当于正电荷的移动),形成电场作用下的空穴流,两者方向相反。但由于自由电子和空穴所带电荷极性相反,因此两者的电流效应相同。由此看来,本征半导体在外电场作用下,其中的电流应是电子流和空穴流之和。运载电荷的粒子称为载流子。显然,本征半导体中有两种载流子,即自由电子和空穴,它们均参与导电。这就是半导体的导电特性。

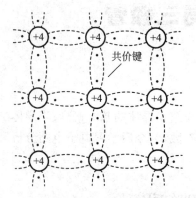

图 8-1 本征半导体的共价键结构

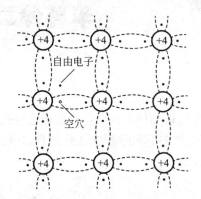

图 8-2 本征半导体的两种载流子

在一定温度下,自由电子、空穴的产生与复合会达到平衡,即半导体中载流子的浓度与环境温度有关:温度越高,载流子浓度越高,导电性能随之增强。因此,半导体器件的温度稳定性较差。

### 8.1.3 杂质半导体

为了提高半导体的导电性能,通过扩散工艺,在本征半导体中有控制地掺入微量合适的杂质元素,便可得到杂质半导体。按照掺入元素的不同,杂质半导体可分为 N 型半导体(见图 8-3)和 P 型半导体(见图 8-4)。

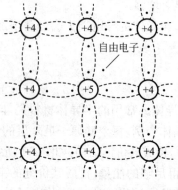

图 8-3 N 型半导体

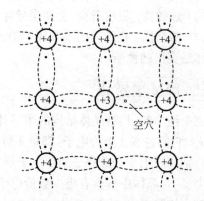

图 8-4 P 型半导体

1) N 型半导体

在本征半导体中掺入 +5 价元素,如磷(P)等,由于这类元素的原子最外层有 5 个价电子,故在构成的共价键结构中,由于存在多余的价电子而产生大量自由电子。这种半导体主要靠自由电子导电,称为电子型半导体,简称 N 型半导体。在 N 型半导体中,每个磷原子可以提供一个自由电子。因此,自由电子数远大于空穴数,所以自由电子是 N 型半导体中的多数载流子,简称多子。空穴是 N 型半导体中的少数载流子,简称少子。但是每个磷原子在提供一个自由电子后,自身就变成不能移动的正离子 P$^+$,因此整个 N 型半导体是呈现电中性的。

2) P 型半导体

在本征半导体中掺入+3 价元素,如硼(B)等,由于这类元素的原子最外层有 3 个价电子,故在构成的共价键结构中,由于缺少价电子而形成大量空穴。这类掺杂后的半导体其导电作用主要靠空穴运动,称为空穴型半导体,简称 P 型半导体。在 P 型半导体中每个硼原子可以提供一个空穴。因此,在 P 型半导体中空穴是多子,电子是少子。但是每个硼原子在提供一个空穴后,自身就变成不能移动的负离子 B$^-$,因此整个 P 型半导体是呈现电中性的。P 型半导体在外界电场作用下,其中的空穴电流远大于电子电流。P 型半导体是以空穴导电为主的半导体,所以它又被称为空穴型半导体。

### 8.1.4 PN 结的形成及其单向导电性

**1. PN 结的形成**

在一块完整的本征硅(或锗)晶片上,用不同的掺杂工艺使其一边形成 N 型半导体,另一边形成 P 型半导体,由于 P 区与 N 区之间存在载流子浓度的显著差异,于是在交界面处发生了 P 区与 N 区的多数载流子分别向对方区域的运动。这种由于多子的浓度差而引起的多子运动被称为扩散运动,如图 8-5(a)所示。扩散的结果:交界面附近 P 区因空穴减少而呈现负电性,N 区因电子减少而呈现正电性。这样,在交界面上出现了由正、负离子构成的空间电荷区,空间电荷区的出现就产生了一个内电场,方向如图 8-5(b)所示。内电场产生的电场力一方面阻碍多子的扩散运动,另一方面促使 P 区少子(自由电子)与 N 区少子(空穴)分别向对方运动,这种在内电场作用下的少子运动称为漂移运动。

在空间电荷区形成之初,扩散运动占优势,空间电荷区逐渐加宽,内电场逐渐增强。随着内电场的增强,扩散运动就会逐渐减弱,而漂移运动却会逐渐增强。在无外电场和其他激发作用情况下,最后扩散运动与漂移运动达到动态平衡,多子扩散的数目与少子漂移的数目相等,空间电荷区的宽度不再增加,相对稳定的 PN 结就形成了。

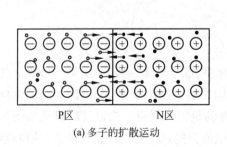
(a) 多子的扩散运动

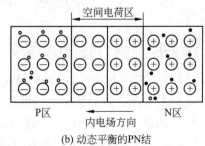
(b) 动态平衡的 PN 结

图 8-5 PN 结的形成

**2. PN 结的单向导电性**

1) PN 结加正向电压

PN 结加正向电压就是将 P 区接电源的正极,N 区接电源的负极,如图 8-6(a)所示。这种接法称为 PN 结的正向接法或正向偏置，简称正偏。

正向偏置时，只要在 PN 结两端加上一个很小的电压，就可得到一个较大的电流，方向从 P 区到 N 区，称为正向电流。正向电流是由多子的扩散运动形成的，而且外加正向偏置电压稍有增加，正向电流便会急剧增加。PN 结正向偏置时，呈现低阻状态，即处于导通状态。为防止回路中电流过大，一般可接入一个限流电阻 $R$。

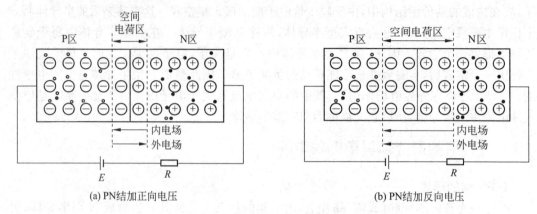

图 8-6　PN 的单向导电性

2) PN 结加反向电压

PN 结加反向电压就是将 N 区接电源的正极，P 区接电源的负极，如图 8-6(b)所示。这种接法称为 PN 结的反向接法或反向偏置，简称反偏。

反向偏置时，PN 结中形成的电流称为反向电流，其方向从 N 区到 P 区。反向电流是由少子的漂移运动形成的。当温度一定时，反向电流几乎不随外加反向偏置电压的变化而变化，所以又称为反向饱和电流，通常用符号 $I_S$ 表示。反向饱和电流受温度的影响很大，且其数值很小，为微安级。在近似分析中，常由于反向电流的值很小而将其忽略不计。PN 结反向偏置时，呈现高阻状态，即处于截止状态。

## 8.2　半导体二极管

### 8.2.1　半导体二极管的基本结构

在 PN 结两端接上电极引线，并用管壳密封就构成半导体二极管，简称二极管。几种常见二极管的外形如图 8-7(a)所示。二极管的结构如图 8-7(b)所示，由 P 区引出的电极为二极管的正极或阳极，由 N 区引出的电极为二极管的负极或阴极。二极管的符号如图 8-7(c)所示，三角箭头方向表示正向电流的方向，正向电流只能从二极管的正极流入，从负极流出。二极管的文字符号用 VD 表示。

二极管的结构按 PN 结形成的制造工艺方式可分为点接触型、面接触型等。点接触型二极管一般为锗管，其 PN 结面积很小，不能通过较大的电流，但其高频性能好，多用于高频检波及脉冲数字电路中。面接触性二极管一般为硅管，其 PN 结面积大，可以通过较大的电流，但其工作频率较低，多用于低频整流电路中。

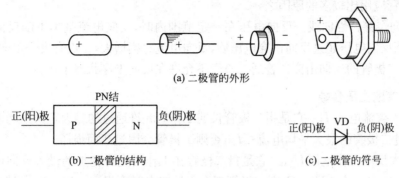

图 8-7 二极管的外形、结构及符号

## 8.2.2 二极管的伏安特性及主要参数

**1. 伏安特性**

加在二极管两电极间的电压 $U$ 与流过二极管的电流 $I$ 之间的对应关系，称为二极管的伏安特性。伏安特性可以用伏安特性曲线表示，硅二极管和锗二极管的伏安特性曲线如图 8-8 所示。

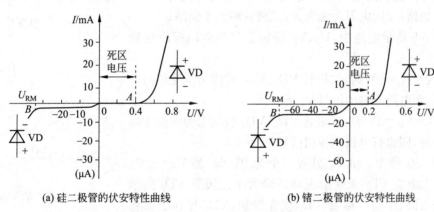

图 8-8 二极管的伏安特性曲线

特性曲线可分为如下三部分。

(1) 正向特性曲线。曲线从坐标原点($U=0$,$I=0$)起。在曲线 $OA$ 段这个区域通常称为"死区"。$A$ 点对应的电压称为"死区电压"，也叫作开启电压 $U_{on}$，硅管 $U_{on}=0.5V$，锗管 $U_{on}=0.1V$。只有当 $U \geqslant U_{on}$ 后，才有正向电流迅速增加的状态出现，这时二极管处于正向导通状态。

二极管导通后，正向电流在较大范围内变化，二极管两端的正向压降变化并不大。通常认为二极管导通后，硅管的正向压降约为 0.6~0.8V，一般取 0.7V；锗管的正向压降约为 0.2~0.3V，一般取 0.2V。

(2) 反向特性曲线。在反向电压下，反向电流的值很小且几乎不随电压的增加而增大，此电流值被叫作反向饱和电流。二极管呈现很高的电阻，近似处于截止状态。硅管的反向电流比锗管的反向电流小，约在 1μA 以下，锗管的反向电流在几微安甚至几十微安之间，这也是现在硅管应用比较多的原因之一。

(3) 反向击穿特性曲线。反向电压在一定范围内时,反向电流基本不随反向电压增加而增大,但当反向电压超过反向击穿电压后,反向电流急剧增大,二极管失去单向导电性,这种现象称为二极管的反向击穿。普通二极管不允许在反向击穿状态工作。

### 2. 二极管的主要参数

(1) 最大整流电流 $I_F$:它是指二极管长期工作时允许通过的最大正向平均电流。实际使用时,流过二极管的最大平均电流 $\leqslant I_F$,否则二极管会因过热而损坏。

(2) 最大反向工作电压 $U_{RM}$:它是指二极管在工作时允许施加的最大反向电压值。实际使用时,反向电压应 $\leqslant U_{RM}$,否则二极管就会因反向击穿而损坏。通常规定最大反向工作电压为反向击穿电压的 1/2 或 2/3。

(3) 反向电流 $I_R$:它是指二极管未被击穿时的反向电流。$I_R$ 越小,二极管的单向导电性越好,$I_R$ 对温度非常敏感,温度升高,$I_R$ 会急剧增大。

## 8.2.3 二极管的应用

### 1. 二极管的钳位作用

在讨论二极管的钳位作用时,忽略二极管的正向管压降,认为正向管压降为零,即二极管相当于短路;反向电阻为无穷大,二极管相当于断路。

在图 8-9 所示电路中,$V_A$、$V_B$ 分别为二极管阴极所加输入信号。

当 $V_A=V_B=0V$ 时,二极管 $VD_1$、$VD_2$ 均因为承受正向电压而导通,则电路的输出信号 $V_L=0$。

当 $V_A=V_B=3V$ 时,二极管 $VD_1$、$VD_2$ 也均因为承受正向电压而导通,则也有电路的输出信号 $V_L=3V$。

当输入信号 $V_A$ 和 $V_B$ 只有一个为 0V 时,如 $V_A=0V$,$V_B=3V$,二极管 $VD_1$ 承受的正向压降大于二极管 $VD_2$ 所承受的正向压降,于是二极管 $VD_1$ 优先导通,$VD_1$ 导通后就将输出端的输出电位钳制在 0V,即 $V_L=0$,使得 $VD_2$ 处于反向偏置而截止。在数字电路中利用二极管的钳位作用可以组成各种门电路。图 8-9 所示电路的输入、输出信号的关系如表 8-1 所示。

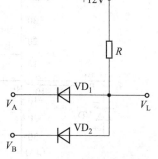

图 8-9 二极管的钳位作用

表 8-1 图 8-9 中电路的输入输出关系 单位:V

| 输 入 | | 输 出 |
|---|---|---|
| $V_A$ | $V_B$ | $V_L$ |
| 0 | 0 | 0 |
| 3 | 3 | 3 |
| 0 | 3 | 0 |
| 3 | 0 | 0 |

## 2. 二极管的限幅作用

限幅是将电路的输出电压限制在某一数值之下,限幅电路图如图 8-10 所示。仍将二极管视为理想二极管。

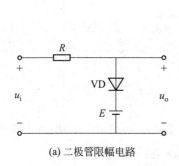
(a) 二极管限幅电路

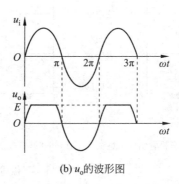
(b) $u_o$ 的波形图

图 8-10　二极管的限幅作用

设定 $u_i$ 为正弦电压。

$u_i$ 在正半周:当 $u_i<E$ 时,二极管因承受反向压降而截止,因此,$u_o=u_i$;当 $u_i>E$ 时,二极管因承受正向电压而导通,因此 $u_o=E$。

$u_i$ 在负半周:二极管因始终承受反向电压而截止,因此 $u_o=u_i$。$u_i$ 与 $u_o$ 的波形如图 8-10 所示,$u_o$ 的波形幅值被限制在 $E$ 之下。

在实际应用中,常利用二极管的限幅作用来保护半导体器件,以使其不会因过压而损坏。

## 8.3　半导体三极管

半导体三极管由两种极性的载流子在其内部做扩散、复合和漂移运动,所以称为双极型晶体管(BJT),一般称为晶体管。它是通过一定的制作工艺将两个 PN 结结合在一起的器件。两个 PN 结相互作用,使三极管成为一个具有控制电流作用的半导体器件。三极管可以用来放大微弱的信号或作为无触点开关。

1947 年 12 月,美国贝尔实验室的肖克莱、巴丁和布拉顿研制出一种点接触型的锗晶体管。晶体管被认为是现代历史上最伟大的发明之一,在重要性方面可以与印刷术、汽车和电话等发明相提并论。1956 年,这三人因发明晶体管同时荣获诺贝尔物理学奖。

### 8.3.1　三极管的结构及类型

利用不同的掺杂方法在同一个晶片上制造出三个掺杂区并形成两个 PN 结,就构成三极管。三极管从应用角度讲,种类很多。按材料分,有硅管和锗管;按功率大小分,有大、中、小功率管;按工作频率分,有高频管和低频管。

从结构上可以分为两大类:NPN 型三极管和 PNP 型三极管。三极管的结构示意图和符号如图 8-11 所示。

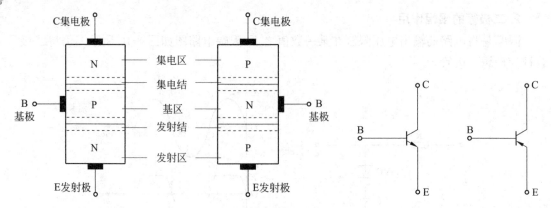

(a) NPN型三极管结构示意图　(b) PNP型三极管结构示意图　(c) NPN型三极管符号　(d) PNP型三极管符号

图 8-11　三极管的结构示意图及符号

无论是 NPN 型三极管还是 PNP 型三极管,都有两个 PN 结、三个区、三个电极,如下所述。

发射结:发射区与基区之间的 PN 结。

集电结:基区与集电区之间的 PN 结。

基区:位于中间的 P(NPN 型)或 N(PNP 型)区。

发射区:位于下层的 N(NPN 型)或 P(PNP 型)区。

集电区:位于上层的 N(NPN 型)或 P(PNP 型)区。

基极:基区所引出的电极,用 B 表示。

发射极:发射区所引出的电极,用 E 表示。

集电极:集电区所引出的电极,用 C 表示。

## 8.1.2　三极管的电流放大作用

**1. 三极管的工作条件**

三极管的主要功能就是电流放大作用。在制造三极管时必须保证三极管具有以下结构特点,即保证三极管具有电流放大作用的内部条件。

(1) 发射区掺杂浓度高。

(2) 基区很薄且掺杂浓度低。

(3) 集电结面积大,且掺杂浓度较发射区低。

保证三极管具有电流放大作用的外部条件:在使用三极管时必须保证三极管的发射结处于正向偏置,集电结处于反向偏置。

**2. 三极管的电流放大作用**

按上述外部工作条件组成电路,如图 8-12 所示。在这个电路中三极管的基极、发射极和外部电路构成放大电路的输入回路,三极管的集电极、发射极和外部电路构成放大电路的输出回路,而输入回路与输出回路以发射极为公共端,因此这种接法的电路称为共发射极放大电路,简称共射极放大电路。改变可变电阻 $R_b$,则基极电流 $I_B$、集电极电流 $I_C$ 和发射极电流 $I_E$ 都将发生变化。实验结果如表 8-2 所示。

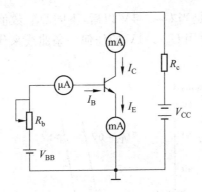

图 8-12 三极管的电流放大实验

表 8-2 三极管电流测量数据

| 基极电流 $I_B$/A | 0 | 0.02 | 0.03 | 0.04 | 0.05 | 0.06 |
|---|---|---|---|---|---|---|
| 集电极电流 $I_C$/A | 0 | 0.86 | 1.32 | 1.76 | 2.23 | 2.66 |
| 发射极电流 $I_E$/A | 0 | 0.88 | 1.35 | 1.80 | 2.28 | 2.72 |

分析表中的数据,可得出如下结论。

(1) 三极管的三个电极的电流 $I_B$、$I_C$、$I_E$ 关系满足基尔霍夫电流定律,$I_E = I_C + I_B$。

(2) 集电极电流 $I_C$ 比基极电流 $I_B$ 大得多,且当 $I_B$ 增加时,$I_C$ 也成比例增加,其比值可用 $\bar{\beta}$ 表示,称为直流电流放大系数,$\bar{\beta} = \dfrac{I_C}{I_B}$。如采用第 2 列数据,可得 $\bar{\beta} = \dfrac{I_C}{I_B} = \dfrac{0.86}{0.02} = 43$。

(3) 基极电流 $I_B$ 的微小变化($\Delta I_B$)可以引起集电极电流 $I_C$ 很大的变化($\Delta I_C$),这就是晶体管的电流放大作用。其比值可用 $\beta$ 表示,称为交流电流放大系数,$\beta = \dfrac{\Delta I_C}{\Delta I_B}$。比较第 2 列和第 3 列的数值,可得 $\beta = \dfrac{\Delta I_C}{\Delta I_B} = \dfrac{1.32 - 0.86}{0.03 - 0.02} = 46$。在实际应用中,$\bar{\beta} \approx \beta$。

## 8.3.3 三极管在放大电路中的三种连接方式

除了共射极接法以外,还有两种接法:一种是共集电极接法;另一种是共基极接法。应当清楚无论是哪一种接法的电路,要想使其中的三极管具有电流放大作用,都必须保证满足其发射结正偏、集电结反偏这个外部工作条件。

## 8.3.4 三极管的伏安特性曲线

三极管各极的电压与电流之间的关系可以用伏安特性曲线来描述。由于三极管有三个电极,因此它就有两种伏安特性曲线,即三极管的输入特性曲线和输出特性曲线。

**1. 输入特性曲线**

共射输入特性曲线是指当管压降 $U_{CE}$ 为某一固定值时,输入电流 $I_B$ 与输入电压 $U_{BE}$ 之间的关系曲线,其函数表达式为

$$I_B = f(U_{BE}) \big|_{U_{CE}=\text{常数}} \tag{8-1}$$

输入特性曲线如图 8-13 所示,通过改变 $U_{CE}$ 的大小,便可以得到一组输入特性曲线。

当 $U_{CE}$ 增加时,曲线右移,但是当 $U_{CE}>1V$ 以后,不同 $U_{CE}$ 数值下的输入特性曲线基本重合。实际使用时,可以近似地用 $U_{CE}>1V$ 的任何一条曲线来代替所有的曲线。一般使用 $U_{CE}=2V$ 时的输入特性曲线。

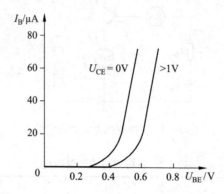

图 8-13 三极管共射放大电路的输入特性曲线

输入特性曲线与二极管的伏安特性曲线形状相似。硅管发射结的死区电压约为 0.5V,锗管的电压约为 0.1V。当 $U_{BE}$ 大于死区电压后,$I_B$ 增长很快。在正常工作情况下,硅管的发射结压降 $U_{BE}$ 约为 0.6~0.8V,锗管的 $U_{BE}$ 约为 0.2~0.3V。

**2. 输出特性曲线**

共发射极输出特性曲线是指当基极电流 $I_B$ 为某一固定值时,输出电流 $I_C$ 与输出电压 $U_{CE}$ 之间的关系曲线,其函数表达式为

$$I_C = f(U_{CE}) \mid_{I_B=常数} \tag{8-2}$$

输出特性曲线是由数条对应不同 $I_B$ 值时的曲线组成的一个曲线簇,如图 8-14 所示。

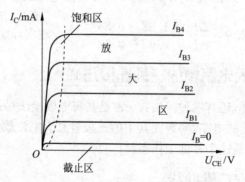

图 8-14 三极管共射放大电路的输出特性曲线

从输出特性曲线可以看出,三极管有三个工作区域。

(1) 截止区。

条件:发射结、集电结均处于反向偏置状态。

特点:$I_B=0$,$I_C=0$,三极管失去放大作用,处于截止状态。

(2) 放大区。

条件:发射结正向偏置、集电结反向偏置。

特点：①有电流放大作用，表现为 $I_C$ 的大小受 $I_B$ 的控制，$\Delta I_C \gg \Delta I_B$；②具有恒流性，即 $I_C$ 几乎不随 $U_{CE}$ 的变化而变化。

(3) 饱和区。

条件：发射结、集电结均处于正向偏置状态。

特点：①集电极-发射极压降，即管压降 $U_{CE}$ 很小，称为饱和管压降，用 $U_{CES}$ 表示，小功率硅管的 $U_{CES}$ 约为 0.3V，锗管的 $U_{CES}$ 约为 0.2V；②$I_C$ 不再受 $I_B$ 控制，晶体管失去放大作用。

## 8.3.5 三极管的主要参数

三极管的参数是用来表征管子性能优劣和适应范围的，是选择三极管的依据。

### 1. 电流放大系数(倍数)

在图 8-12 中，直流电流放大系数(倍数)的定义是，三极管集电极直流电流 $I_C$ 与基极电流 $I_B$ 之比，即

$$\bar{\beta} = \frac{I_C}{I_B} \tag{8-3}$$

在共射极的接法下，交流电流放大系数(倍数)的定义是，三极管集电极电流的变化量与基极电流的变化量之比，即

$$\beta = \frac{\Delta I_C}{\Delta I_B} \tag{8-4}$$

$\beta$ 与 $\bar{\beta}$ 的物理意义是不同的，但二者的数值很接近，在工程计算时可认为 $\beta = \bar{\beta}$。

### 2. 极间反向电流

极间反向电流包括以下两个电流。

(1) 集电极-基极反向饱和电流 $I_{CBO}$。发射极开路时，集电极的反向饱和电流，其值很小。小功率硅管的 $I_{CBO} < 1\mu A$，锗管的 $I_{CBO} \approx 10\mu A$ 左右。

(2) 集电极-发射极反向饱和电流 $I_{CEO}$。基极开路时，集电极和发射极间的穿透电流，$I_{CEO} = (1+\bar{\beta})I_{CBO}$。同一型号的管子反向电流越小，性能越稳定。$I_{CEO}$ 和 $I_{CBO}$ 受温度的影响很大，温度升高，其值随之增大，它们是衡量三极管温度稳定性的参数。在选择管子时，希望它们的数值越小越好。硅管的两参数比锗管要小得多，因此温度稳定性较锗管要好。

### 3. 极限参数

极限参数是指为使三极管安全工作，对它的电压、电流和功率损耗而作的限制。

(1) 最大集电极耗散功率 $P_{CM}$：当三极管因受热而引起参数变化不超过允许值时，集电极所消耗的最大功率，即 $P_{CM} = I_C U_{CE}$。在输出特性坐标平面中为一条双曲线，如图 8-15 所示，$P_{CM}$、$I_C$、$U_{CE}$ 共同确定晶体管的安全区，曲线右上方为过损耗区。

(2) 最大集电极电流 $I_{CM}$：三极管工作在放大区时，若集电极电流 $I_C$ 超过一定值时，其电流放大系数 $\beta$ 就会下降。三极管的 $\beta$ 值下降到正常值 2/3 时的集电极电流，称为最大集电极电流，用 $I_{CM}$ 表示。实际上，当集电极电流超过 $I_{CM}$ 时，不一定会引起三极管的损坏，但 $\beta$ 却会明显下降。

(3) 集电极-发射极反向击穿电压 $U_{(BR)CEO}$：当基极开路时，集电极-发射极之间的反向击穿电压称为反向击穿电压。三极管使用时不允许管压降 $U_{CE} > U_{(BR)CEO}$，否则将可能因集

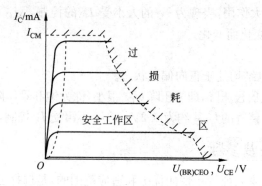

图 8-15 三极管的过损耗区

电结反向击穿而损坏三极管。

在实际使用三极管时应该注意：温度对三极管的参数影响很大。

# 习　题

**8-1**　设二极管是理想的，求图 8-16 所示各电路的输出电压。

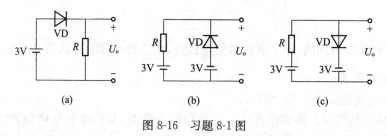

图 8-16　习题 8-1 图

**8-2**　设二极管是理想的，求图 8-17 所示电路的输出电压。

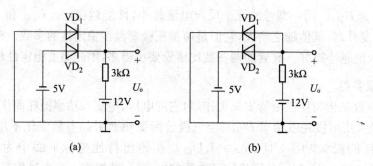

图 8-17　习题 8-2 图

**8-3**　设二极管是理想的，$u_i = 8\sin\omega t$ (V)，画出图 8-18 所示电路输出电压的波形。

**8-4**　如图 8-19 所示二极管电路，设二极管的导通电压 $U_{D(on)} = 0.7\text{V}$，求输出电流和输出电压。

**8-5**　在图 8-20 所示稳压二极管稳压电路中，$U_I = 20\text{V}$，稳压二极管的 $U_Z = 8.5\text{V}$，$I_{Zmin} = 5\text{mA}$，$P_{ZM} = 250\text{mW}$。求稳压二极管中流过的电流和输出电压。如果输入电压有 10% 的波

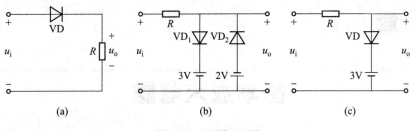

图 8-18　习题 8-3 图

动,稳压二极管是否安全？能否稳压？

**8-6**　现有两只稳压二极管,它们的稳定电压值分别为 6V 和 8.5V,正向导通电压为 0.7V。试问：

（1）若将它们串联相接,则可得到几种稳压值？各为多少？

（2）若将它们并联相接,则可得到几种稳压值？各为多少？

**8-7**　工作在放大区的三极管,如果基极电流从 12μA 增大到 22μA 时,则集电极电流从 1mA 增大到 2mA。求该三极管的共射极交流电流放大系数 $\beta$。

**8-8**　有两只三极管,一只的 $\beta=150$,$I_{CEO}=200\mu A$；另一只的 $\beta=100$,$I_{CEO}=10\mu A$,其他参数大致相同。你认为应选用哪只管子？为什么？

**8-9**　如图 8-21 所示电路,试问 $\beta$ 大于多少时三极管饱和？

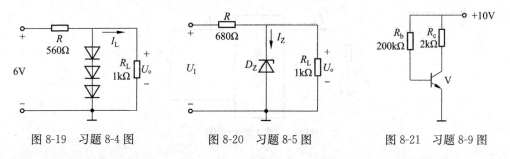

图 8-19　习题 8-4 图　　　图 8-20　习题 8-5 图　　　图 8-21　习题 8-9 图

**8-10**　三极管均为硅管,静态时各极电位如图 8-22 所示。试判断三极管的工作状态。

**8-11**　用直流电压表测得放大电路中几个三极管的电极电位如图 8-23 所示,试判断各管的引脚、类型及材料。

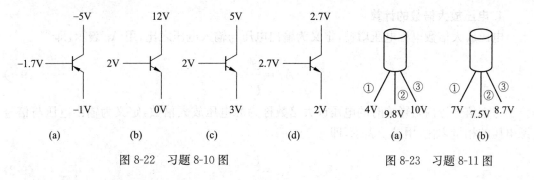

图 8-22　习题 8-10 图　　　　　　　图 8-23　习题 8-11 图

# 第9章 基本放大电路

放大是模拟信号处理最基本的步骤,放大电路是模拟电路的基本单元,在生产和科学实验中应用十分广泛。放大电路是以三极管为核心元件对连续变化的信号(即模拟信号)进行放大的电路。放大电路也是其他功能电路,如滤波、振荡、稳压等电路的基本组成部分。放大的目的是将微弱的变化信号放大成较大的信号。本章主要介绍由分立元件组成的各种常用基本放大电路。

## 9.1 基本放大电路的技术参数

放大电路外部特性的研究可借助于二端口网络进行,如图 9-1 所示。

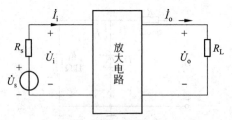

图 9-1 放大器示意图

由于常用正弦信号进行研究和测试,因此电压和电流用相量形式表示。$\dot{U}_s$ 为正弦信号源电压相量,$R_s$ 为信号源内阻,$\dot{U}_i$ 和 $\dot{I}_i$ 分别为输入电压相量和输入电流相量,$\dot{U}_o$ 和 $\dot{I}_o$ 分别为输出电压相量和输出电流相量,$R_L$ 为负载电阻。

**1. 电压放大倍数的计算**

电压放大倍数也称电压增益,定义为输出电压与输入电压之比,用 $A_u$ 表示,即

$$A_u = \frac{\dot{U}_o}{\dot{U}_i} \tag{9-1}$$

考虑信号源内阻影响时的电压放大倍数称为源电压放大倍数,定义为输出电压与信号源电压的相量之比,用 $A_{us}$ 表示,即

$$A_{us} = \frac{\dot{U}_o}{\dot{U}_s} \tag{9-2}$$

## 2. 输入电阻

放大电路对信号源(或对前级放大电路)来说是一个负载,相当于一个无源二端网络,可用一个电阻来等效代替。这个电阻是信号源的负载电阻,称为放大电路的输入电阻,输入电阻是对交流信号而言的,是动态电阻。输入电阻定义为输入电压相量和输入电流相量之比:

$$r_\mathrm{i} = \frac{\dot{U}_\mathrm{i}}{\dot{I}_\mathrm{i}} \tag{9-3}$$

输入电阻是表明放大电路从信号源吸取信号幅值大小的参数。电路的输入电阻越大,从信号源取得的电压越大,因此一般总是希望得到较大的输入电阻。

## 3. 输出电阻

放大电路对负载(或对后级放大电路)来说是一个信号源,相当于一个有源二端网络,可以将它进行戴维南等效,等效电源的内阻即为放大电路的输出电阻。输出电阻是动态电阻,与负载无关,计算时必须去掉 $R_\mathrm{L}$。定量分析输出电阻时,采用图 9-2 所示的方法。在信号源短路($\dot{U}_\mathrm{s}=0$ 但保留 $R_\mathrm{s}$)和负载开路($R_\mathrm{L}=\infty$)的条件下,在放大电路的输出端加一测试电压 $\dot{U}_\mathrm{T}$,相应地产生一测试电流 $\dot{I}_\mathrm{T}$,于是可得输出电阻:

$$r_\mathrm{o} = \left.\frac{\dot{U}_\mathrm{T}}{\dot{I}_\mathrm{T}}\right|_{\dot{U}_\mathrm{s}=0} \tag{9-4}$$

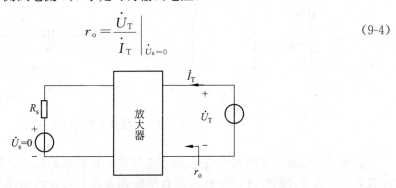

图 9-2 求放大电路的输出电阻

输出电阻是表明放大电路带负载能力的参数。电路的输出电阻越小,负载变化时输出电压的变化越小,因此在电压放大电路中总是希望得到较小的输出电阻。

必须注意,以上讨论的放大电路的输入电阻和输出电阻不是直流电阻,而是在线性运用情况下的交流电阻。

## 9.2 共发射极放大电路

由一个三极管组成的放大电路称为单管放大电路,是组成其他放大电路的基本单元电路。为了说明放大器的工作原理,本节先从最基本的放大电路开始讨论。

### 9.2.1 共发射极基本放大电路组成

图 9-3 所示为共发射极基本放大电路。共发射极是指三极管的发射极作为信号输入、

输出两个回路的公共极。

电路中三极管 VT 采用 NPN 型硅三极管,是整个电路的核心器件,起电流放大作用。当集电结反偏,发射结正偏,三极管工作在放大区时,$i_C = \beta i_B$,具有放大作用;$U_{BB}$ 是基极回路的直流电源,它的负极接发射极,正极通过基极电阻 $R_B$ 接基极,保证使发射结处于正偏,并通过基极电阻 $R_B$(一般为几十千欧姆到几百千欧姆)给基极提供大小适当的基极电流 $I_B$(常称为偏流);$U_{CC}$ 是集电极回路的直流电源(一般为几伏到十几伏),它的负极接发射极,正极通过集电极电阻 $R_C$ 接集电极以保证集电结反偏;集电极电阻 $R_C$(一般为几千欧姆到几十千欧姆)的作用是将三极管集电极电流 $i_C$ 的变化转变成集电极电压 $u_{CE}$ 的变化。$C_1$、$C_2$ 称为耦合电容或隔直电容(一般为几微法拉到几十微法拉),它们在电路中起到"传送交流、隔离直流"的作用,$C_1$、$C_2$ 用的是极性电容器,连接时要注意其极性。

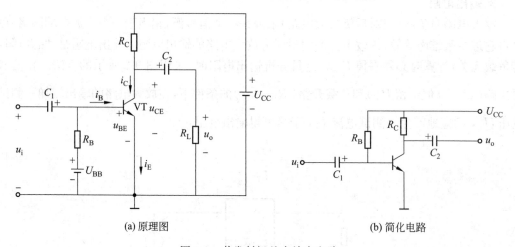

图 9-3 共发射极基本放大电路

在半导体电路中常把输入电压、输出电压以及直流电源 $U_{CC}$ 和 $U_{BB}$ 的公共点称为"地",用符号"⊥"表示(注意,这一点并不是真正接到大地上),并以地端作为零电位点即电位参考点。

为了简化电路,一般取 $U_{BB} = U_{CC}$,简化电路如图 9-3(b)所示。

## 9.2.2 放大电路的工作状态

在放大电路中,既有直流电源形成的直流分量,又有交流信号源产生的交流分量,交流分量和直流分量叠加形成合成量。为使分析更为清晰,将放大电路按无输入信号(直流)和有输入信号(交流)两种工作情况来分析。

**1. 静态($u_i = 0$)时的工作情况**

当放大电路没有输入信号($u_i = 0$)时,电路中各处的电压、电流都是不变的直流,称为直流工作状态或静止状态,简称静态。在静态工作情况下,三极管各电极的直流电压和直流电流的数值将在三极管的特性曲线上确定一点,这个点常称为 Q 点。静态分析就是确定放大电路的静态值 $I_{BQ}$、$I_{CQ}$、$U_{CEQ}$,实质上就是对直流通路进行分析,看其是否能为三极管建立一个合适的工作点,使其工作在放大区(或处在放大状态),从而能够对信号进行有效地放大,它是建立交流通路的基础。分析可以采用估算法和图解法。

由于电容是隔直流的,因此在静态下只要遵循"见电容开路"的原则,即可画出放大电路中的直流通路。以图9-3所示的电路为例,可以得到如图9-4所示直流通路。

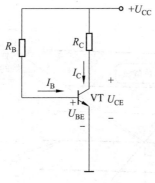

图 9-4　直流通路

通过直流通路可以清晰地看出,静态基极电流 $I_B$ 从直流电源 $U_{CC}$ 的正极流出,经偏流电阻 $R_B$ 流入三极管的基极,从发射极流出,回到直流电源 $U_{CC}$ 的负极或地。而集电极电流 $I_C$ 从直流电源 $U_{CC}$ 的正极流出,经集电极电阻 $R_C$ 流入三极管的集电极,从发射极流出,回到直流电源 $U_{CC}$ 的负极或地。根据图9-4所示的直流通路,可以列出两个电压回路方程

$$U_{CC} = U_{BE} + I_B R_B \tag{9-5}$$

$$U_{CC} = U_{CE} + I_C R_C \tag{9-6}$$

1) 估算法求静态工作点 $Q$

根据回路方程(9-5),可求得 $I_{BQ}$:

$$I_{BQ} = \frac{U_{CC} - U_{BEQ}}{R_B} \tag{9-7}$$

式中:$U_{BEQ}$ 为静态时的发射结偏置电压,由于发射结正向偏置,其值较小,通常数值近似,对于硅三极管,$|U_{BEQ}| \approx 0.6 \sim 0.7\text{V}$;对于锗三极管,$|U_{BEQ}| \approx 0.1 \sim 0.3\text{V}$,相比于电源电压 $U_{CC}$ 可以忽略不计,即 $U_{BEQ} \ll U_{CC}$,因此可以得到

$$I_{BQ} \approx \frac{U_{CC}}{R_B} \tag{9-8}$$

$$U_{CEQ} = U_{CC} - I_{CQ} R_C \tag{9-9}$$

其中,

$$I_{CQ} = \beta I_{BQ} \tag{9-10}$$

通过对 $U_{BEQ}$、$I_{BQ}$、$I_{CQ}$、$U_{CEQ}$ 值的分析计算,三极管的工作状态和所在工作区的位置就唯一地被确定。这种利用已知电路通过公式计算静态值的方法称为估算法。

2) 图解法求静态工作点 $Q$

图解法是一种以实际测量到的三极管输入/输出特性曲线为基础的图解方法。它具有针对性强、分析精确、对参数变化给静态工作点和电压电流波形带来的影响非常直观、便于观察和理解等优点。无论是定量分析还是定性分析,图解法都是一种非常好的方法。

分析时,首先根据式(9-7)求得 $I_{BQ}$,就可以在输出特性曲线中确定 $I_C$ 和 $U_{CE}$ 的关系曲

线;再根据式(9-6),可以看出 $I_C$ 和 $U_{CE}$ 之间的关系式表示的是一条直线,它与横轴和纵轴分别相交于点 $(U_{CC},0)$ 和 $(0,U_{CC}/R_C)$,其斜率为 $-1/R_C$,这条直线是在直流状态下得出的,因此称为直流负载线。直流负载线和特性曲线的交点就是三极管电路的静态工作点 $Q$,如图 9-5 所示。

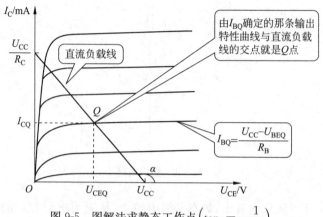

图 9-5 图解法求静态工作点 $\left(\tan\alpha=-\dfrac{1}{R_C}\right)$

**例 9-1** 晶体管放大电路如图 9-6(a)所示,已知 $U_{CC}=12V, R_C=3k\Omega, R_B=240k\Omega$,晶体管的 $\beta=40$。

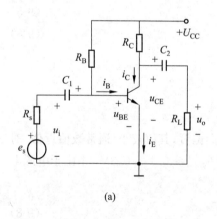
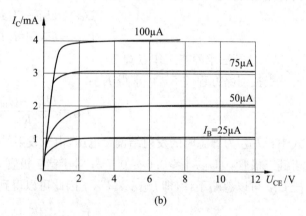

图 9-6 例 9-1 图

(1) 试用直流通路估算各静态值 $I_B、I_C、U_{CE}$。
(2) 晶体管的输出特性如图 9-6(b)所示,试用图解法求放大电路的静态工作点。

**解:**(1) 用估算法计算静态工作点。先画出直流通路,如图 9-7(a)所示,有

$$I_B \approx \dfrac{U_{CC}}{R_B} = \dfrac{12}{240} = 0.05(\text{mA}) = 50(\mu A)$$

$$I_{CQ} \approx \beta I_{BQ} = 40 \times 0.05 = 2(\text{mA})$$

$$U_{CE} = U_{CC} - I_C R_C = 12 - 2 \times 3 = 6(\text{V})$$

(2) 在晶体管的输出特性曲线上画出直流负载线,如图 9-7(b)所示,有

$$I_B \approx \dfrac{U_{CC}}{R_B} = 50(\mu A)$$

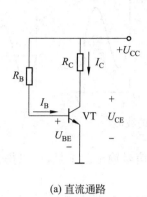 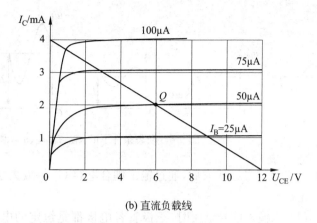

(a) 直流通路　　　　　　　　　　　　(b) 直流负载线

图 9-7　例 9-1 的直流通路和直流负载线

从图 9-7(b)中可以看出,直流负载线和 $50\mu A$ 输出特性曲线的交点就是 $Q$ 点,所对应的参数为

$$I_{CQ}=2mA$$
$$U_{CE}=6V$$

### 2. 动态($u_i \neq 0$)时的工作情况

当接入交流信号时,即输入信号 $u_i \neq 0$ 时,电路处于动态工作状态,可以根据输入信号电压 $u_i$ 确定输出电压 $u_o$。对变化的电压、电流的分析称为动态分析。为便于分析,设输入信号电压为

$$u_i = U_{im}\sin\omega t \tag{9-11}$$

当输入信号 $u_i$ 作用于放大电路的输入端,并通过耦合电容 $C_1$(交流时,电容视作短路)作用到三极管的基极与发射极之间形成 $u_{be}$ 时,该电压必将影响静态工作点处原有的直流电压 $U_{BEQ}$,并与直流电压 $U_{BEQ}$ 相互叠加,共同作用于三极管的发射结,使 B-E 之间的恒定直流电压形成一个变化的电压 $u_{BE}$,变化的电压 $u_{BE}$ 可以看成是交流与直流两个分量的叠加:

$$u_{BE} = U_{BEQ} + u_{be} = U_{BEQ} + U_{im}\sin\omega t \tag{9-12}$$

这一变化的电压必然会引起工作点基极电流 $I_{BQ}$ 的变化,形成一个变化的电流 $i_B$,这个变化的电流同样也可以看成是交流 $i_b$ 与直流 $I_{BQ}$ 两个分量的叠加:

$$i_B = I_{BQ} + i_b = I_{BQ} + I_{bm}\sin\omega t \tag{9-13}$$

同理,集电极电流 $i_C$ 也是这样,不同的只是集电极电流 $i_C$ 变化的幅度更大一些:

$$i_C = I_{CQ} + i_c = I_{CQ} + I_{cm}\sin\omega t \tag{9-14}$$

同时,引起 C-E 两端的直流电压 $U_{CE}$ 产生一个相当大的变化,形成 $u_{ce}$,而且相位相反。于是有

$$u_{CE} = U_{CEQ} + u_{ce} = U_{BEQ} - U_{cem}\sin\omega t \tag{9-15}$$

C-E 两端的变化电压 $u_{CE}$ 通过输出耦合电容 $C_2$(隔直流,通交流)输出,形成 $u_o = u_{CE}$,其波形的变化过程见图 9-8。

### 3. 结论

由上面的分析可以看出,交流信号通过输入耦合电容 $C_1$ 进入放大电路后,叠加在直流

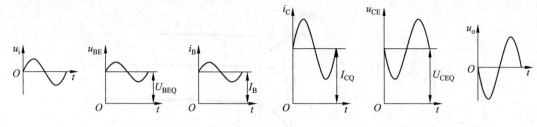

图 9-8 动态条件下的 $u_{BE}$、$i_B$、$i_C$、$u_{CE}$ 和 $u_o$ 的波形

量上。交流信号经放大后，通过输出耦合电容 $C_2$ 将放大了的信号输出。于是，可以得出如下结论。

（1）无输入信号电压时，三极管各电极都是恒定的电压和电流，即 $I_B$、$U_{BE}$ 和 $I_C$、$U_{CE}$，分别对应于输入、输出特性曲线上的一个点，即静态工作点 $Q$。

（2）加上输入信号电压后，放大电路处于动态，各电极电流和电压的大小均发生了变化，都在直流量的基础上叠加了一个交流量，它们之间的相互关系为 $u_i \to u_{BE} \to i_B \to i_C \to u_{CE} \to u_o$。在这一信号传递的过程中，输入的电压信号 $u_i$ 在放大电路的输出端被放大了。

（3）若参数选取得当，输出电压的幅值可比输入电压的幅值大，即电路具有电压放大作用。

（4）输出电压与输入电压在相位上相差 180°，即共发射极电路具有反相作用，因而共发射极电路又叫作反相电压放大器。

对于由 NPN 型三极管构成的基本放大电路，如果静态工作点 $Q$ 设置不合适，三极管会进入截止区或饱和区工作，将造成非线性失真。若 $Q$ 设置过高，晶体管进入饱和区工作，会造成饱和失真，也称为削底失真，适当减小基极电流可消除饱和失真；若 $Q$ 设置过低，三极管进入截止区工作，会造成截止失真，也称为削顶失真，适当增加基极电流可消除截止失真。两种失真的波形如图 9-9 所示。

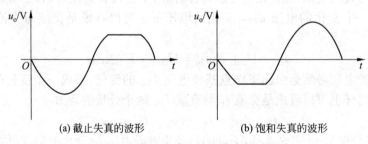

(a) 截止失真的波形　　　　　　(b) 饱和失真的波形

图 9-9 截止失真和饱和失真的波形

## 9.3 小信号模型分析法

当放大电路有信号输入（$u_i \neq 0$）时，放大电路就能够对其进行放大并输出。如果输入信号电压很小，就可以把三极管的特性曲线在小范围内近似地用直线来代替，从而把三极管这个非线性器件所组成的电路当作线性电路来处理。

小信号模型分析法又叫微变等效电路法，就是在一定的条件下把非线性的三极管线性化,等效为一个线性元件。线性化的前提条件是三极管在小信号(微变量)情况下工作,这时在静态工作点附近小范围内的特性曲线可用直线近似代替,因此这是一种近似估算方法。这种方法具有方便、简单以及快速等特点,对于分析三极管电路的动态特性是非常有必要的。

### 9.3.1 三极管的小信号模型

对于三极管的输入端,在微小变化的信号电压作用下,将引起电流 $i_B$ 产生一个微小的变化,这种变化的电压与电流之间的关系为 $du_{be}/di_b$。从 B-E 两端看进去,可等效为一个线性的动态电阻,记为 $r_{be}$。在图 9-10 所示输入特性曲线的静态工作点处作切线,其斜率即为线性的动态电阻 $r_{be}$。显然,工作点处的切线斜率与静态工作点的位置密切相关,所以动态电阻 $r_{be}$ 的大小与静态工作点有关。

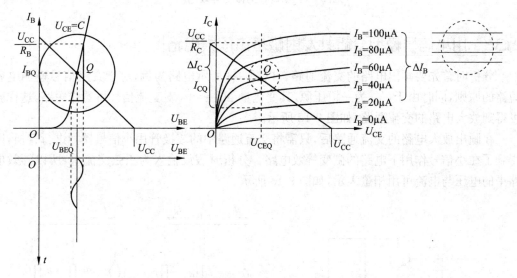

图 9-10　图解放大电路中的动态电压和电流

同时,低频小功率晶体管的 $r_{be}$ 常用如下公式估算:

$$r_{be} \approx r_{bb'} + (1+\beta)\frac{26\text{mV}}{I_{EQ}} \tag{9-16}$$

式中:$I_{EQ}$ 为发射极电流的静态值,其单位取 mA;$r_{bb'}$ 通常取 $100\sim300\Omega$。这样在交流通路中,三极管输入的 B-E 两端就可以用线性的动态电阻 $r_{be}$ 等效替代。

同理,在三极管的输出端,如果三极管工作在放大区,根据三极管的电流分配关系 $i_c = \beta i_b$ 可知,$i_c$ 只受 $i_b$ 的控制,其大小只与 $i_b$ 电流大小有关。

显然 $i_c$ 是一个受控的电流源。从图 9-10 所示输出特性上看,当基极电流 $I_{BQ}$ 在工作点附近出现一个微小的变化时,工作点附近的特性曲线可以认为是平行的、等间隔的,因此 $I_c$ 与 $I_b$ 之间的电流放大系数 $\beta$ 可视为一常数,即

$$\beta = \frac{\Delta I_C}{\Delta I_B}\bigg|_{U_{CE}=U_{CEQ}} = 常数 \tag{9-17}$$

这使得 $i_c$ 成为 $i_b$ 的线性受控源。

根据以上分析可以得到图 9-11 所示三极管的小信号模型,B、E 之间用一个电阻 $r_{be}$ 等

效，C、E 之间用一受控电流源 $i_c = \beta i_b$ 等效。值得注意的是，小信号模型是在静态工作点 $Q$ 处得到的参数，但分析的对象却是变化量。

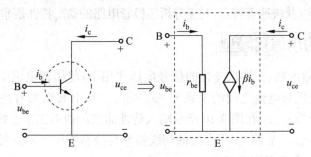

图 9-11　三极管的微变等效电路

## 9.3.2　用小信号模型分析共发射极基本放大电路

分析时首先要画出电路的交流通路。以图 9-3 所示电路为例，对于交流信号遵循电容短路的原则，同时由于 $U_{CC}$ 为一恒压源，其变化量 $\Delta U_{CC}=0$，对交流信号可看作短路，这样就可得到放大电路的交流通路，如图 9-12 所示。

在画出放大电路的交流通路后，只需将交流通路中的三极管用小信号模型进行替换，即得到了在小信号作用下电路的微变等效电路。分析时假设输入为正弦交流量，所以等效电路中的电压与电流可用相量表示，如图 9-13 所示。

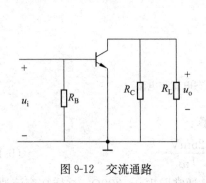

图 9-12　交流通路

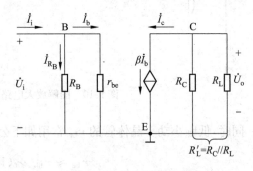

图 9-13　微变等效电路

**1. 电压放大倍数的计算**

电压放大倍数定义为 $A_u = \dfrac{\dot{U}_o}{\dot{U}_i}$，画出小信号等效电路后，可以用解线性电路的方法求解。先从输入回路入手，在已知输入电压的条件下求出基极电流 $\dot{I}_b$，然后根据输出回路，利用 $\dot{I}_b$ 求出 $\dot{I}_c$ 和 $\dot{U}_o$，从而求出电压放大倍数：

$$\dot{I}_b = \dfrac{\dot{U}_i}{r_{be}} \qquad (9\text{-}18)$$

$$\dot{I}_c = \beta \dot{I}_b \qquad (9\text{-}19)$$

$$\dot{U}_o = -\dot{I}_c R'_L = -\beta \dot{I}_b R'_L \tag{9-20}$$

式中：$R'_L = R_C // R_L$，由此可得

$$A_u = \frac{\dot{U}_o}{\dot{U}_i} = \frac{-\beta \dot{I}_b R'_L}{\dot{I}_b r_{be}} = \frac{-\beta R'_L}{r_{be}} \tag{9-21}$$

其中，负号表示输出电压的相位与输入相反。当放大电路输出端开路（未接 $R_L$）时，有

$$A_u = -\beta \frac{R_C}{r_{be}} \tag{9-22}$$

电压放大倍数的公式表明：

(1) 放大电路的放大倍数 $A_u$ 只与放大电路的参数和放大电路的工作点有关，而与输入信号和输出信号的大小无关。

(2) 表达式中的负号反映了共发射极放大电路输出与输入信号相位相差 180°，即输出信号与输入信号相位相反。

### 2. 放大电路输入电阻的计算

放大电路输入电阻的概念已经在前面介绍过，这里利用小信号等效电路来求放大电路的输入电阻。根据定义有

$$r_i = \frac{\dot{U}_i}{\dot{I}_i} \tag{9-23}$$

由图 9-13 可得

$$r_i = \frac{\dot{U}_i}{\dot{I}_i} = \frac{\dot{U}_i}{\dot{I}_{R_B} + \dot{I}_b} = R_B // r_{be} \tag{9-24}$$

当 $R_B \gg r_{be}$ 时，$r_i \approx r_{be}$。

### 3. 放大电路输出电阻的计算

根据输出电阻的定义 $r_o = \frac{\dot{U}_T}{\dot{I}_T}$，求 $r_o$ 的步骤如下。

(1) 断开负载 $R_L$。

(2) 令 $\dot{U}_i = 0$ 或 $\dot{E}_s = 0$。

(3) 外加电压 $\dot{U}_T$。

(4) 求 $\dot{I}_T$。

求输出电阻的电路如图 9-14 所示，由图 9-14 可以得到

$$\dot{I}_T = \dot{I}_c + \dot{I}_{RC} \tag{9-25}$$

其中，$\dot{I}_c = \beta \dot{I}_b$，由于 $U_i = 0$，使 $\dot{I}_b = 0$，所以 $\dot{I}_c = 0$；流过电阻 $R_C$ 的电流为 $\dot{I}_{RC} = \frac{\dot{U}_T}{R_C}$，得到

$$r_o = \frac{\dot{U}_T}{\dot{I}_T} = R_C \tag{9-26}$$

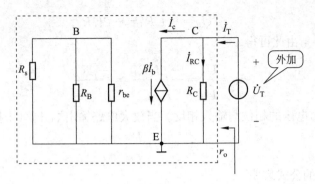

图 9-14 求输出电阻电路

**例 9-2** 共射极单管放大电路及参数如图 9-15(a)所示。设 $U_{BEQ}=0.7\text{V}, \beta=100$,试用估算法计算:

(1) 静态的 $I_{BQ}$、$I_{CQ}$ 和 $U_{CEQ}$。

(2) 动态的 $A_u$、$r_i$、$r_o$。

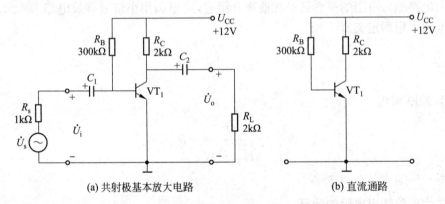

(a) 共射极基本放大电路　　　　(b) 直流通路

图 9-15 例 9-2 的共射极基本放大电路和直流通路

**解**:(1) 画出直流通路如图 9-15(b)所示,进行静态分析,列回路方程得

$$I_{BQ}=\frac{U_{CC}-U_{BEQ}}{R_B}=\frac{12-0.7}{300}\approx 0.0377(\text{mA})=37.7(\mu\text{A})$$

$$I_{CQ}=\beta I_{BQ}=100\times 37.7=3770(\mu\text{A})=3.77(\text{mA})$$

$$U_{CEQ}=U_{CC}-I_{CQ}R_C=12-3.77\times 2=4.46(\text{V})$$

其动态电阻 $r_{be}$ 为

$$r_{be}=200+(1+\beta)\frac{26}{I_{EQ}}=200+101\times\frac{26}{3.77}\approx 896(\Omega)$$

(2) 画交流通路如图 9-16 所示,计算 $A_u$、$r_i$、$r_o$。

输入电阻为

$$r_i=\frac{\dot{U}_i}{\dot{I}_i}=R_B//r_{be}\approx\frac{300\times 0.896}{300+0.896}=0.894(\text{k}\Omega)$$

电压放大倍数为

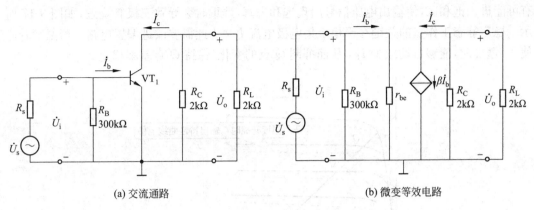

图 9-16 例 9-2 的交流通路和微变等效电路

$$A_u = \frac{\dot{U}_o}{\dot{U}_i} = -\frac{\beta(R_C // R_L)}{r_{be}} \approx -\frac{100 \times 1}{0.896} = -111.5$$

输出电阻为

$$r_o = R_C = 2\text{k}\Omega$$

用小信号等效电路法分析电路方便快捷,通过对三极管这一非线性元件的线性化处理,使得求解放大电路的放大倍数 $A_u$、输入电阻 $r_i$ 与输出电阻 $r_o$ 变得非常简单容易,适合于快速估算。但由于是在微小信号变化条件下的近似等效,因此,微变等效电路只适用于小信号作用下放大电路的分析,且只适用于估算。

## 9.4 静态工作点的稳定

合理设置静态工作点是保证放大电路正常工作的先决条件,但是放大电路的静态工作点常因外界条件的变化而发生变动。在图 9-3 所示的放大电路中,当电源电压和集电极电阻确定后,放大电路的静态工作点就由基极电流来决定,这个电流就叫作偏流,而获得偏流的电路叫作偏置电路,所以该电路又被称为固定偏置放大电路。这种电路结构简单、容易调整,但温度变化、三极管老化、电源电压波动等外部因素将引起静态工作点的变动,严重时将使放大电路不能正常工作,其中影响最大的是温度的变化。

### 9.4.1 温度对工作点的影响

温度对工作点的影响主要体现在以下三个方面。
(1) 从输入特性看,当温度升高时,在基本共射极放大电路中,会导致 $I_B$ 增加。
(2) 当温度升高时,三极管的电流放大倍数 $\beta$ 将增加,使输出特性曲线之间的间距加大。
(3) 当温度升高时,三极管的反向饱和电流 $I_{CBO}$ 将急剧增加。因为反向饱和电流是由少数载流子形成的,因此受温度影响比较大。

综上所述,在基本共射极放大电路中,温度升高对三极管各种参数的影响集中表现在集电极电流 $I_C$ 增大,原来正常工作在放大区的三极管的工作点沿直流负载线向上移动,甚至有可能进入饱和区,使输出电压信号出现饱和失真,严重时会导致三极管烧毁,如图 9-17 所示。稳定静态工作点的关键在于稳定集电极电流 $I_C$,为此需要改进偏置电路。当温度升高使 $I_C$ 增加时,能够自动减少 $I_B$,从而抑制 $Q$ 点的变化,保持 $Q$ 点基本稳定。

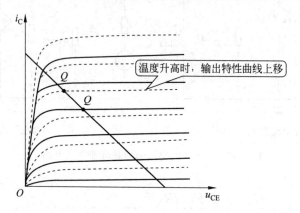

图 9-17 温度变化引起工作点变化

## 9.4.2 稳定工作点的射极偏置电路

在温度变化时要使集电极电流 $I_C$ 保持稳定,通常采用图 9-18 所示的分压偏置电路。分析该电路可以知道,若满足 $I_2 \gg I_B$,则有

$$I_1 \approx I_2 \approx \frac{U_{CC}}{R_{B1} + R_{B2}} \tag{9-27}$$

$$U_B = I_2 R_{B2} \approx \frac{R_{B2}}{R_{B1} + R_{B2}} U_{CC} \tag{9-28}$$

可见,基极电位基本恒定,不随温度变化。在这一前提下,当温度发生变化时,由于 $R_E$ 电阻的引入,使得集电极电流的变化 $\Delta I_C$ 能够通过 $R_E$ 电阻形成电压 $U_E$,并反馈到输入回路中来,影响三极管发射结两端的偏置电压 $U_{BE}$,从而控制基极偏置电流 $I_B$,继而控制集电极电流 $I_C$,最终达到工作点稳定的目的。工作点稳定的调节过程为温度 $T \uparrow \rightarrow I_C \uparrow \rightarrow U_E \uparrow \rightarrow U_{BE} \downarrow (U_B 固定) \rightarrow I_B \downarrow \rightarrow I_C \downarrow$。

从使工作点稳定来看,$I_2$、$U_B$ 越大越好,但为了兼顾其他指标,在估算时一般选取 $I_2 = (5 \sim 10) I_B$,$U_B = (5 \sim 10) U_{BE}$,$R_{B1}$、$R_{B2}$ 的阻值一般为几十千欧。$R_E$ 是温度补偿电阻,对直流而言,$R_E$ 越大,稳定 $Q$ 点效果越好;对交流而言,$R_E$ 越大,交流损失越大,为避免交流损失,可加旁路电容 $C_E$ 与之并联。

**例 9-3** 分析图 9-18 所示电路的静态工作点 $Q(I_B、I_C、U_{CE})$ 以及电压增益、输入电阻和输出电阻。

**解**:(1) 静态分析。画出直流通路如图 9-19 所示。由于 $I_{CQ}$ 保持恒定不变,从而保证了工作点的稳定。如认为静态 $U_{BE}$ 电压为一常量值,则工作点的分析计算过程和方法如下:

计算 $U_B$ 电压的值为

$$U_B = I_2 R_{B2}$$

$$I_C \approx I_E = \frac{U_B - U_{BE}}{R_E}$$

$$I_B \approx \frac{I_C}{\beta}$$
$$U_{CE} = U_{CC} - I_C R_C - I_E R_E$$

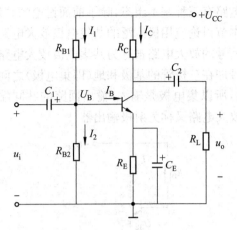
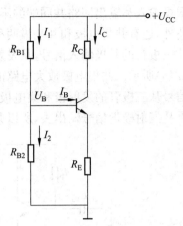

图 9-18　射极偏置电路　　　　　图 9-19　射极偏置电路的直流通路

通过上述分析,说明整个静态工作点的计算、分析过程与三极管的放大倍数 $\beta$ 无关。也就是说,工作点稳定电路不会因更换三极管,$\beta$ 发生变化而改变静态工作点。

(2) 动态分析。画出射极偏置电路的交流通路如图 9-20 所示。由于发射极电阻 $R_E$ 旁边并联一个电容,该电容的容量一般都较大(通常采用电解电容元件),相对于输入信号的频率,呈现出较小的电抗,即对交流信号相当于短路,因此在交流通路中不会出现 $R_E$ 电阻。然后在交流通路的基础上画出微变等效电路,如图 9-21 所示。

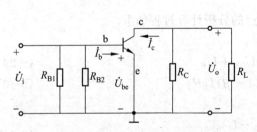
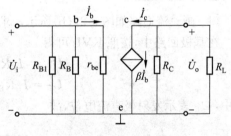

图 9-20　射极偏置电路的交流通路　　　　图 9-21　微变等效电路

电压增益为

$$A_u = \frac{\dot{U}_o}{\dot{U}_i} = \frac{-\beta \dot{I}_b (R_C // R_L)}{\dot{I}_b r_{be}} = \frac{-\beta R'_L}{r_{be}}$$

其中,$R'_L = R_C // R_L$。

输入电阻 $r_i$ 为

$$r_i = R_{B1} // R_{B2} // r_{be}$$

显然,微变等效电路在除掉信号源后,其输出电阻为 $r_o = R_C$。

## 9.5　射极输出器

根据输入和输出回路共同端的不同,放大电路有三种基本组态,除了前面讨论的共发射极电路外,还有共集电极和共基极两种电路。本节讨论应用极广泛的共集电极放大电路。

从三极管的基极输入信号,从发射极输出信号的放大电路被称为共集电极放大电路,如图 9-22(a)所示。共集电极放大电路的输入信号加在三极管的基极和地(即集电极)之间,而输出信号从三极管的发射极和集电极两端取出,所以集电极是输入/输出回路的共同端点。因为是从发射极把信号输出去,所以共集电极放大电路又称为射极输出器。

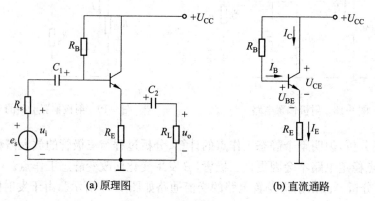

(a) 原理图　　　　　　　(b) 直流通路

图 9-22　共集电极电路

### 9.5.1　静态分析

(1) 画直流通路如图 9-22(b)所示。求 $Q$ 点的分析计算过程如下。

在基极回路中,按照 KVL 可得

$$U_{CC} = I_B R_B + U_{BE} + U_E \tag{9-29}$$

$$U_E = I_E R_E = (1+\beta) I_B R_E \tag{9-30}$$

其中,$U_E$ 表示发射极直流电位,故

$$I_{BQ} = \frac{U_{CC} - U_{BE}}{R_B + (1+\beta) R_E} \tag{9-31}$$

式(9-31)中,一般有 $U_{CC} \gg U_{BE}$,所以有

$$I_{BQ} \approx \frac{U_{CC}}{R_B + (1+\beta) R_E} \tag{9-32}$$

(2) 计算工作点电流 $I_{CQ}$ 和 $U_{CEQ}$:

$$I_{CQ} = \beta I_{BQ} \tag{9-33}$$

$$U_{CEQ} = U_{CC} - I_{EQ} R_E \tag{9-34}$$

根据求得的 $I_{CQ}$ 和 $U_{CEQ}$ 的值,确定静态工作点。

### 9.5.2　动态分析

首先画出交流通路,然后画出微变等效电路,如图 9-23 所示,根据微变等效电路计算交

流电压放大倍数、输入电阻和输出电阻。

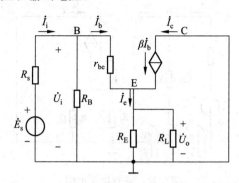

图 9-23 共集电极放大电路的微变等效电路

**1. 电压放大倍数**

$$\dot{U}_o = \dot{I}_e R'_L = (1+\beta)\dot{I}_b R'_L \tag{9-35}$$

$$R'_L = R_E // R_L \tag{9-36}$$

$$\dot{U}_i = \dot{I}_b r_{be} + \dot{I}_e R'_L = \dot{I}_b r_{be} + (1+\beta)\dot{I}_b R'_L \tag{9-37}$$

$$A_u = \frac{\dot{U}_o}{\dot{U}_i} = \frac{\dot{I}_e(R_E // R_L)}{\dot{I}_b[r_{be}+(1+\beta)(R_E // R_L)]} = \frac{(1+\beta)(R_E // R_L)}{r_{be}+(1+\beta)(R_E // R_L)} \tag{9-38}$$

因为 $\beta \gg 1$,所以

$$A_u \approx \frac{\beta R'_L}{r_{be}+\beta R'_L} < 1 \tag{9-39}$$

一般 $\beta R'_L \gg r_{be}$,故射极输出器的电压放大倍数接近1,而略小于1,这是由于在输入回路中有 $\dot{U}_{be}=\dot{U}_i-\dot{U}_o$ 的关系,因此它的输出电压 $\dot{U}_o$ 总是小于输入电压 $\dot{U}_i$。

结果表明,共集电极电路的电压放大倍数 $A_u \approx 1$,且输入与输出同相,即输出电压跟随输入电压,故又称为电压跟随器。

**2. 输入电阻**

如图 9-24 所示,由微变等效电路可知,输入电压与基极电流的关系为

$$\dot{U}_i = \dot{I}_b r_{be} + \dot{I}_e(R_E // R_L) = \dot{I}_b[r_{be}+(1+\beta)R'_L] \tag{9-40}$$

于是有

$$r'_i = r_{be}+(1+\beta)R'_L \tag{9-41}$$

$$r_i = R_B // r'_i = R_B //[r_{be}+(1+\beta)R'_L] \tag{9-42}$$

考虑到 $\beta \gg 1$ 和 $\beta R'_L \gg r_{be}$,则

$$r_i = R_B // \beta R'_L \tag{9-43}$$

可以看出,与共发射极放大电路相比,射极输出器的输入电阻高得多(比共射极放大电路的输入电阻高几十倍到几百倍)。

**3. 输出电阻**

如图 9-25 所示,求取放大电路的动态输出电阻时,由于 $R_L$ 不属于放大电路的一部分,

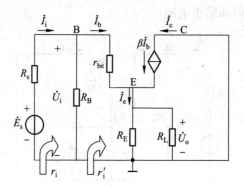

图 9-24 计算输入电阻

计算时必须去掉。这样放大电路在动态的状态下,令 $\dot{E}_s=0$。在放大电路的输出端外加一个电压源 $\dot{U}_T$,求电流 $\dot{I}_T$,这样输出的动态电阻 $r_o$ 即为电压 $\dot{U}_T$ 与电流 $\dot{I}_T$ 之比。

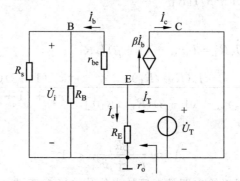

图 9-25 计算输出电阻

根据节点电流定律有

$$\dot{I}_T = \dot{I}_e + \dot{I}_b + \dot{I}_c = \frac{\dot{U}_T}{R_E} + (1+\beta)\dot{I}_b$$

$$= \frac{\dot{U}_T}{R_E} + (1+\beta)\frac{\dot{U}_T}{r_{be}+R_s//R_B}$$

$$= \left(\frac{1}{R_E} + \frac{1+\beta}{r_{be}+R_s//R_B}\right)\dot{U}_T \tag{9-44}$$

于是,输出动态电阻 $r_o$ 为

$$r_o = \frac{\dot{U}_T}{\dot{I}_T} = R_E // \left(\frac{r_{be}+R_s//R_B}{1+\beta}\right) \tag{9-45}$$

令 $R'_s = R_B // R_s$,通常有 $(1+\beta)R_E \gg r_{be} + R'_s$,所以有

$$r_o \approx \frac{r_{be}+R'_s}{1+\beta} \tag{9-46}$$

可以看出射极输出器的输出电阻很小,具有带负载能力强的特点,为了进一步降低输出电阻,可以选用 $\beta$ 较大的三极管。

通过分析不难看出：

（1）射极输出器的输入电阻很大，阻值可达几千欧姆或几十千欧姆。输入电阻大，常被用在多级放大电路的第一级，可减小信号源的负载效应。

（2）射极输出器输出电阻很小，比 $r_{be}$ 还小。输出电阻小，常被用在多级放大电路的末级，可增加带负载的能力。

（3）射极输出器电压放大倍数约等于1，且输入电压与输出电压同相位。

（4）虽然电压放大倍数约等于1，没有电压放大作用，但是仍有电流放大作用。

根据射极输出器的输入电阻很大、输出电阻很小这一特点，也可将其放在放大电路的两级之间，起到阻抗匹配作用，称为缓冲级或中间隔离级。

**例 9-4** 放大电路如图 9-26(a)所示，设 $U_{BEQ}=0.7\text{V}$，$R_L=\infty$，$r'_{bb}=200\Omega$，试求：

（1）估算静态工作点 $Q$ 处的电压 $U_{CEQ}$ 和电流 $I_{BQ}$。

（2）估算电压放大倍数、输入电阻和输出电阻。

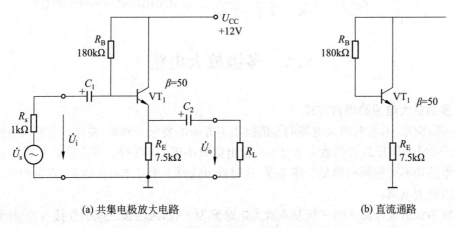

(a) 共集电极放大电路  (b) 直流通路

图 9-26  共集电极放大电路与直流通路

**解**：(1) 画出直流通路，见图 9-26(b)，试分析和估算工作点 $Q$。根据电路有

$$I_{BQ}=\frac{U_{CC}-U_{BEQ}}{R_B+(1+\beta)R_E}=\frac{12-0.7}{180+51\times7.5}\approx0.02(\text{mA})=20(\mu\text{A})$$

$$I_C=\beta I_B=50\times20=1000(\mu\text{A})=1(\text{mA})$$

$$U_{CEQ}=U_{CC}-I_C R_E=12-1\times7.5=4.5(\text{V})$$

$$r_{be}=200+(1+\beta)\frac{26}{I_{BQ}}=200+\frac{26}{0.02}=1500(\Omega)$$

（2）画出交流通路、微变等效电路，进行动态分析。交流通路与微变等效电路如图 9-27 所示。根据电路有

$$A_u=\frac{\dot{U}_o}{\dot{U}_i}=\frac{(1+\beta)(R_E//R_L)}{r_{be}+(1+\beta)(R_E//R_L)}=\frac{51\times7.5}{1.5+51\times7.5}\approx0.996\approx1$$

$$r_i=R_B//[r_{be}+(1+\beta)R_E]=\frac{180\times384}{180+384}\approx122.55(\text{k}\Omega)$$

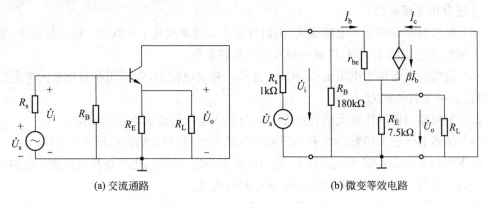

图 9-27 交流通路与微变等效电路

$$r_\text{o} = \frac{\dot{U}_\text{T}}{\dot{I}_\text{T}} = R_\text{E} // \frac{r_\text{be}+R_\text{s}}{1+\beta} = \frac{7.5 \times 2.5/51}{7.5 + 2.5/51} \approx 0.0487(\text{k}\Omega) \approx 48.7(\Omega)$$

## 9.6 多级放大电路

**1. 多级放大电路的耦合方式**

在实际应用中,常对放大电路的性能提出多方面的要求。例如,要求一个放大电路输入电阻大于 2MΩ,电压放大倍数大于 2000,输出电阻小于 100Ω 等。仅靠前面所讲的任何一种放大电路均不可能同时满足上述要求,这时就可选择多个基本放大电路,将它们合理连接构成多级放大电路。

组成多级放大电路的每一级基本放大电路称为一级,级与级之间的连接称为级间耦合。多级放大电路有直接耦合、阻容耦合、变压器耦合和光电耦合四种常见的耦合方式,前两种应用最为广泛。

(1) 直接耦合。将前一级的输出端直接连接到后一级的输入端,称为直接耦合,如图 9-28(a)所示。图中两级放大电路均为共射组态,$R_{c1}$ 既是第一级的集电极负载电阻,又是第二级的基极偏置电阻,输入信号经 $VT_1$ 放大后由其集电极输出,直接连接到第二级的基极。图中 $VT_2$ 的发射极接入稳压管 VS 起稳定本级 $Q$ 点的作用。在图 9-28(a)中,为了使各级晶体管都工作在放大区,必然要求 $VT_2$ 的集电极电位高于基极电位。如果放大电路级数很多,且仍为 NPN 管构成的共射电路,则由于集电极电位的逐级升高,以至于电位接近电源电压,这势必使后级的静态工作点不合适。因此,直接耦合放大电路常采用 NPN 管和 PNP 管混合使用的方法解决上述问题,如图 9-28(b)所示。在图 9-28(b)中,$VT_2$ 为 PNP 管,要保证其工作在放大区,就必须使它的集电极电位低于基极电位(即 $VT_1$ 管的集电极电位)。

采用直接耦合方式使各级之间的直流通路相连,因而各级静态工作点相互影响。当输入信号为零时,前级由温度变化所引起的电流、电位的变化会逐渐放大。这种输入电压为零而输出电压的变化不为零的现象称为零点漂移。由于存在零点漂移,给电路的分析、设计和调试带来一定的困难。实际应用时,常采用计算机软件辅助分析。

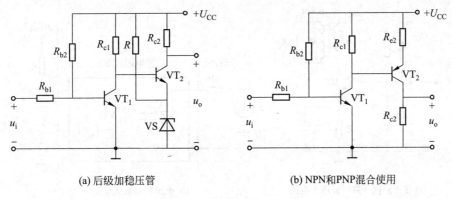

(a) 后级加稳压管　　　　　　(b) NPN和PNP混合使用

图 9-28　直接耦合放大电路

直接耦合放大电路的突出优点是具有良好的低频特性，可以放大变化缓慢的信号；由于电路中没有大容量电容，电路易于集成化。

(2) 阻容耦合。将放大电路前级的输出端通过电容连接到后一级的输入端，称为阻容耦合，图 9-29 所示为两级阻容耦合放大电路，第一级为共射组态，第二级为共集组态。

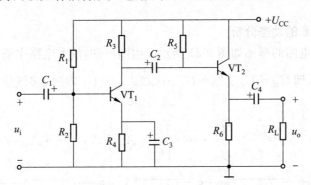

图 9-29　两级阻容耦合放大电路

由于电容有隔直流、通交流的特点，因而阻容耦合放大电路各级的静态工作点相互独立，在求解或实际调试 $Q$ 点时可按单级处理，所以电路的分析、设计和调试简单易行。而且只要输入信号的频率较高，耦合电容容量较大，前级的输出信号就可以几乎没有衰减地传递到后一级的输入端，因此，在分立元件电路中阻容耦合方式得到非常广泛的应用。

阻容耦合放大电路的低频特性差，不能放大变化缓慢的信号。因为电容对这类信号呈现很大的容抗，导致信号不能正常向后一级传递。此外，在集成电路中制造大容量电容很困难，所以这种耦合方式的电路不便于集成。

(3) 其他耦合方式。图 9-30(a)所示电路为变压器耦合共发射极放大电路，图中 $R_L$ 可以是负载，也可以是后级放大电路。

变压器耦合方式的优点是各级的静态工作点互不影响，便于分析、设计和调试，且能实现阻抗变换，可以选择最佳的负载值与放大电路匹配。缺点是频率特性较差，不能耦合低频及直流信号，笨重、体积大、价格贵，通常用于分立元件功率放大电路或高频调谐电路。

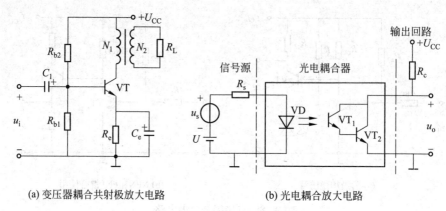

(a) 变压器耦合共射极放大电路　　　　(b) 光电耦合放大电路

图 9-30　其他耦合方式

图 9-30(b)所示为光电耦合放大电路。光电耦合是通过电光转换实现电信号的传递，在电气上实现了隔离。光电耦合器已经实现了集成化，体积小，使用十分方便。但在线性放大电路中，由于光电耦合器件特性的非线性限制了它的应用，因而在数字电路中，应用非常广泛。

**2. 多级放大电路的动态分析**

一个 $n$ 级放大电路的框图如图 9-31 所示。由图可知，放大电路中前一级的输出电压是后一级的输入电压，即 $\dot{U}_{o1}=\dot{U}_{i2}$，$\dot{U}_{o2}=\dot{U}_{i3}$、$\cdots$、$\dot{U}_{o(n-1)}=\dot{U}_{in}$，所以多级放大电路的电压放大倍数为

$$A_u = \frac{\dot{U}_{o1}}{\dot{U}_i} \cdot \frac{\dot{U}_{o2}}{\dot{U}_{i2}} \cdot \cdots \cdot \frac{\dot{U}_o}{\dot{U}_{in}} = A_{u1} \cdot A_{u2} \cdot \cdots \cdot A_{un}$$

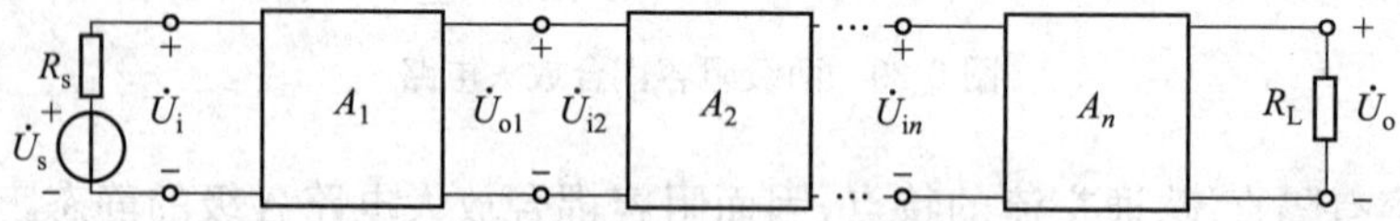

图 9-31　多级放大电路的方框图

即

$$A_u = \prod_{j=1}^{n} A_{uj}$$

上式表明，多级放大电路的电压放大倍数等于组成它的各级放大电路的电压放大倍数之积。对于第一级到第 $(n-1)$ 级，每一级的放大倍数均应该是后级输入电阻作为负载时的放大倍数。

根据放大电路输入电阻的定义，多级放大电路的输入电阻就是第一级放大电路的输入电阻，即

$$r_i = r_{i1}$$

根据放大电路输出电阻的定义，多级放大电路的输出电阻就是最后一级放大电路的输出电阻，即

$$r_o = r_{on}$$

应当注意,当共集电极放大电路作为输入级(即第一级)时,它的输入电阻及其负载与第二级的输入电阻有关;而当共集电极放大电路作为输出级(即最后一级)时,它的输出电阻及其信号源内阻与倒数第二级的输出电阻有关。

当多级放大电路的输出产生失真时,应首先确定是在哪一级出现的失真,然后再判断是产生了饱和失真还是截止失真,继而采取措施消除失真。

**例 9-5** 如图 9-29 所示电路中,$R_1 = 33\text{k}\Omega, R_2 = R_5 = 10\text{k}\Omega, R_3 = 2\text{k}\Omega, R_4 = 1.5\text{k}\Omega, R_6 = 1.5\text{k}\Omega, U_{CC} = 12\text{V}$;晶体管的 $\beta$ 值均为 60, $r_{be1} = r_{be2} = 0.6\text{k}\Omega$。求总电压放大倍数。

**解**:第一级为共射放大电路,它的负载电阻即第二级的输入电阻。

$$R_{L1} = r_{i2} = R_5 // [r_{be2} + (1+\beta_2)R_6] = \frac{10 \times [0.6 + (1+60) \times 1.5]}{10 + [0.6 + (1+60) \times 1.5]} \approx 9.02(\text{k}\Omega)$$

$$R'_{L1} = R_3 // R_{L1} = \frac{2 \times 10^3 \times 9.02 \times 10^3}{2 \times 10^3 + 9.02 \times 10^3} \approx 1640(\Omega) = 1.64(\text{k}\Omega)$$

$$A_{u1} = -\beta_1 \frac{R'_{L1}}{r_{be1}} = -60 \times \frac{1.64}{0.6} = -164$$

第二级为共集放大电路,可取 $A_{u2} = 1$,故

$$A_u = A_{u1} A_{u2} = -164 \times 1 = 164$$

## 习　题

**9-1** 如图 9-32 所示的放大器中,当改变电路参数和输入信号时,用示波器观察输出电压 $u_o$,发现有如图 9-32(a)、(b)、(c)和(d)所示的四种波形,试求:

(1) 指出它们有无失真。如有失真,属于何种类型(饱和或截止)?

(2) 分析造成上述波形失真的原因,并提出改进措施。

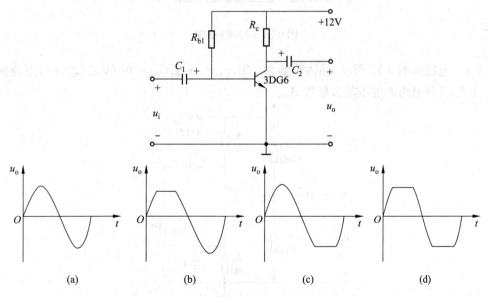

图 9-32　习题 9-1 图

**9-2** 已知电路如图 9-33 所示。试求：(1)放大电路的静态工作点；(2)画出它的直流通路；(3)画出它的微变等效电路。

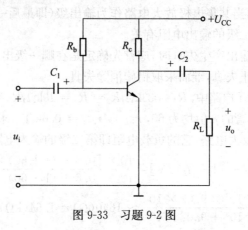

图 9-33 习题 9-2 图

**9-3** 在如图 9-34 所示的共发射极基本交流放大电路中，已知 $U_{CC}=12V, R_c=4k\Omega, R_L=4k\Omega, R_b=300k\Omega, r_{be}=1k\Omega, \beta=37.5$，试求：(1)放大电路的静态值；(2)试求电压放大倍数 $A_u$。

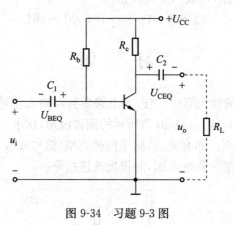

图 9-34 习题 9-3 图

**9-4** 电路如图 9-35 所示，晶体管的 $\beta=50, r_{be}=1k\Omega, U_{BE}=0.7V$，试求：(1)电路的静态工作点；(2)电路的电压放大倍数 $A_u$。

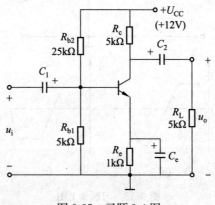

图 9-35 习题 9-4 图

**9-5** 电路如图 9-36 所示，三极管的 $\beta=60$，$r_{be}=1\text{k}\Omega$，$U_{BE}=0.7\text{V}$。试求：(1)静态工作点；(2) $A_u$、$r_i$ 和 $r_o$。

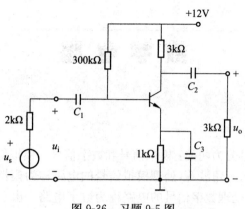

图 9-36 习题 9-5 图

**9-6** 在图 9-37 所示电路中，设 $\beta=50$，$r_{be}=0.45\text{k}\Omega$，试求：(1)静态工作点 $Q$；(2)输入、输出电阻；(3)电压放大倍数。

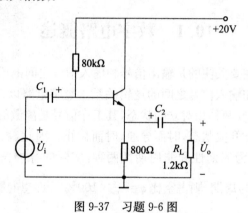

图 9-37 习题 9-6 图

# 第 10 章

# 数字电路

电子电路中的电信号分为两类：模拟信号和数字信号。模拟信号是时间和数值均连续变化的电信号，如正弦波、三角波等，处理模拟信号的电路称为模拟电路。数字信号是时间和数值均离散的电信号，处理数字信号的电路称为数字电路。由于数字电路的优点远远多于模拟电路，数字电路在现代电子技术中占据了十分重要的地位，被广泛地应用于电视、雷达、通信、电子计算机、自动控制、航天等科学技术领域。本章将介绍数字电路的基础知识、数字电路的分析和设计方法、典型集成电路及其应用。

## 10.1 数字电路概述

不同于模拟电路中主要关注的是输出信号和输入信号之间的增益、相位等关系，数字电路中关注的是输出信号和输入信号之间的逻辑关系。数字电路以二值数字逻辑为基础，以"0"和"1"表示高、低电平或两种相对立的状态，其工作信号是离散的数字信号。数字电路中的晶体管/MOS 管工作于开关状态，时而导通，时而截止。因此，数字电路中的信号常常表现为脉冲的形式，脉冲分为周期性和非周期性两种，实际的脉冲信号波形如图 10-1 所示。图中，$t_w$ 为脉冲宽度，$T$ 为周期，则占空比 $q = \dfrac{t_w}{T} \times 100\%$。理想的脉冲波形如图 10-2 所示。

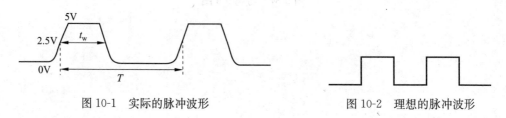

图 10-1　实际的脉冲波形　　　　图 10-2　理想的脉冲波形

### 10.1.1 数制

数制也称计数制，是用一组固定的符号和统一的规则来表示数值的方法。人们通常采用的数制有十进制、二进制和十六进制等。

**1. 基本概念**

（1）数码：数制中表示基本数值大小的不同数字符号。例如，十进制有 10 个数码：0、1、2、3、4、5、6、7、8、9。

（2）基数：数制所使用数码的个数。例如，二进制的基数为 2；十进制的基数为 10。

(3) 位权：数制中某一位上的1所表示数值的大小(所处位置的价值)。例如，十进制的123，1的位权是$10^2$，2的位权是$10^1$，3的位权是$10^0$；二进制中的1011，从左往右，第一个1的位权是$2^3$，0的位权是$2^2$，第二个1的位权是$2^1$，第三个1的位权是$2^0$。

(4) 计数规则：十进制(decimal,D)是人们日常生活中最熟悉的进位计数制。在十进制中，数用0、1、2、3、4、5、6、7、8、9这10个符号来描述。计数规则是逢十进一。二进制(binary,B)是在计算机系统中采用的进位计数制。在二进制中，数用0和1两个符号来描述。计数规则是逢二进一。十六进制(hexadecimal,H)是人们在计算机指令代码和数据的书写中经常使用的数制。在十六进制中，数用0、1、2、3、4、5、6、7、8、9和A、B、C、D、E、F共16个符号来描述。计数规则是逢十六进一。

任意进制数的一般表达式为

$$(N)_r = \sum_{i=-\infty}^{\infty} K_i \times r^i \tag{10-1}$$

式中：$N$表示数码；$r$表示基数；$K_i$表示系数；$r^i$表示位权。

**2. 数制转换**

1) 十进制数转换成二进制数

十进制数转换为二进制数分为整数部分和小数部分。整数部分采用"辗转相除"法，即将十进制数连续不断地除以2取余数，直至商为零，所得余数由低位到高位排列，即为所求二进制数。小数部分则采用乘2取整法，即将十进制小数每次除去上次所得积中的整数再乘以2，直到满足误差要求进行"四舍五入"为止，就可完成由十进制小数转换成二进制小数。

**例 10-1** 将十进制数$(14)_{10}$转换为二进制数。

**解：**

```
2 | 14  ……… 余 …… b₀=0
2 | 7   ……… 余 …… b₁=1
2 | 3   ……… 余 …… b₂=1
2 | 1   ……… 余 …… b₃=1
    0
```

由上得$(14)_{10}=(1110)_2$。

2) 二进制数到十进制数的转换

二进制数转换为十进制数，按权展开求和即可。例如：

$$(1011)_2 = 1\times 2^3 + 0\times 2^2 + 1\times 2^1 + 1\times 2^0 = 8+2+1 = (11)_{10}$$

3) 二进制数和十六进制数之间的转换

二进制转换为十六进制：因为十六进制的基数$16=2^4$，所以可将四位二进制数表示一位十六进制数，即0000~1111表示0~F。例如：

$$(\underset{3}{11}\ \underset{E}{1110})_2 = (3E)_{16}$$

十六进制转换为二进制：将每位十六进制数展开成四位二进制数，排列顺序不变即可。例如：

$$(A8)_{16} = (\underbrace{1010}_{A} \ \underbrace{1000}_{8})_2$$

## 10.1.2 逻辑运算和逻辑门

1849年英国数学家乔治·布尔(George Boole)提出了描述事物逻辑关系的数学方法,即布尔代数。随着数字技术的发展,布尔代数成为数字逻辑电路分析和设计的基础,又称为逻辑代数。与普通代数不同,逻辑代数中的变量只有0和1两个可取值,它在二值逻辑代数中得到了广泛应用。在二值逻辑代数中,用"0"和"1"表示两种对立的逻辑状态,它们按照某种制定的因果关系进行的运算称为逻辑运算。在逻辑代数中,有与、或、非三种基本的逻辑运算。

**1. 与逻辑运算**

如图10-3所示电路中,其电路状态如表10-1所示,只有当开关 $S_1$ 和 $S_2$ 都合上,灯才会亮。由此例可以得出一种因果关系:只有当某一事件发生的全部条件具备时,该事件才发生。这种因果关系称为与逻辑关系。与逻辑关系可以用

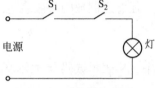

图10-3 与逻辑电路举例

逻辑代数来描述,用 $A$、$B$、$C$……表示输入变量,如 $S_1$ 用 $A$ 表示,$S_2$ 用 $B$ 表示,它们只有两种状态,用0表示断开,1表示闭合,$L$ 或 $Y$ 表示输出变量,如灯用 $L$ 表示,0表示灭,1表示亮,得到如表10-2所示的图表,这种图表称为真值表。

表10-1 与逻辑电路状态表

| 开关 $S_1$ | 开关 $S_2$ | 灯 |
| --- | --- | --- |
| 断 | 断 | 灭 |
| 断 | 合 | 灭 |
| 合 | 断 | 灭 |
| 合 | 合 | 亮 |

表10-2 与逻辑真值表

| $A$ | $B$ | $L$ |
| --- | --- | --- |
| 0 | 0 | 0 |
| 0 | 1 | 0 |
| 1 | 0 | 0 |
| 1 | 1 | 1 |

与逻辑关系用逻辑函数表达式来描述,可以表示为

$$L = A \cdot B = AB \tag{10-2}$$

在逻辑代数中,与逻辑称为与运算或逻辑乘。"·"符号为逻辑乘的运算符号,在不混淆的情况下,"·"可以省略。逻辑乘法的运算规则为

$$1 \cdot 1 = 1; \quad 1 \cdot 0 = 0; \quad 0 \cdot 1 = 0; \quad 0 \cdot 0 = 0$$

图10-4为与逻辑图形符号。

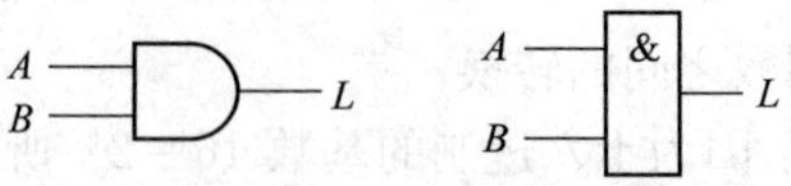

图10-4 与逻辑图形符号

**2. 或逻辑运算**

如图10-5所示电路中,当开关 $S_1$ 和 $S_2$ 有一个合上,或者都合上,灯就会亮。这样可以

得出另一种因果关系：当某一事件发生的一个或几个条件具备时，该事件都会发生。这种因果关系称为或逻辑关系，其逻辑真值表如表 10-3 所示。

表 10-3　或逻辑真值表

| A | B | L |
|---|---|---|
| 0 | 0 | 0 |
| 0 | 1 | 1 |
| 1 | 0 | 1 |
| 1 | 1 | 1 |

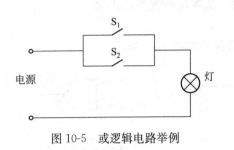

图 10-5　或逻辑电路举例

或逻辑关系用逻辑函数表达式来描述，可以表示为

$$L = A + B \tag{10-3}$$

在逻辑代数中，或逻辑称为或运算或逻辑加。"＋"符号为逻辑加的运算符号。逻辑加的运算规则为

1+1=1；　1+0=1；　0+1=1；　0+0=0

图 10-6 为或逻辑图形符号。

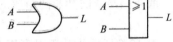

图 10-6　或逻辑图形符号

### 3. 非逻辑运算

如图 10-7 所示电路中，当开关 S 闭合时，灯不亮，只有当 S 打开时，灯才亮。这样可以得出因果关系：当某一事件发生的条件具备时，该事件不会发生；而当事件发生的条件不具备时，该事件发生。这种因果关系称为非逻辑关系，其逻辑真值表如表 10-4 所示。

表 10-4　非逻辑真值表

| A | L |
|---|---|
| 0 | 1 |
| 1 | 0 |

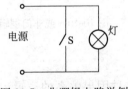

图 10-7　非逻辑电路举例

非逻辑关系用逻辑函数表达式来描述，可以表示为

$$L = \overline{A} \tag{10-4}$$

读作"A 非"。逻辑非的运算规则为

$$\overline{0} = 1;\quad \overline{1} = 0$$

图 10-8 为非逻辑图形符号。

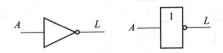

图 10-8　非逻辑图形符号

### 4. 常用复合逻辑运算

在实际逻辑运算中，除了与、或和非运算外，还有一些由与、或、非门组合而成的复合逻

辑运算,如与非门、或非门、同或门和异或门等。

1) 与非门

与非门是与门和非门组成的复合逻辑运算,其逻辑函数表达式为

$$L=\overline{AB} \tag{10-5}$$

表 10-5 所示为其逻辑真值表,其逻辑图形符号如图 10-9 所示。

表 10-5　与非门逻辑真值表

| A | B | L |
|---|---|---|
| 0 | 0 | 1 |
| 0 | 1 | 1 |
| 1 | 0 | 1 |
| 1 | 1 | 0 |

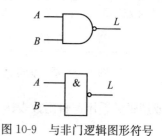

图 10-9　与非门逻辑图形符号

2) 或非门

或非门是或门和非门组成的复合逻辑运算,其逻辑函数表达式为

$$L=\overline{A+B} \tag{10-6}$$

表 10-6 所示为其逻辑真值表,其逻辑图形符号如图 10-10 所示。

表 10-6　或非门逻辑真值表

| A | B | L |
|---|---|---|
| 0 | 0 | 1 |
| 0 | 1 | 0 |
| 1 | 0 | 0 |
| 1 | 1 | 0 |

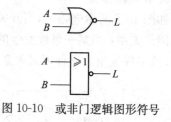

图 10-10　或非门逻辑图形符号

3) 异或门

当两个输入不相同时,输出为 1;否则为 0。实现这种因果关系的逻辑运算称为异或运算。其真值表如表 10-7 所示,其逻辑函数表达式为

$$L=A\overline{B}+\overline{A}B=A\oplus B \tag{10-7}$$

其逻辑图形符号表示如图 10-11 所示。

表 10-7　异或门逻辑真值表

| A | B | L |
|---|---|---|
| 0 | 0 | 0 |
| 0 | 1 | 1 |
| 1 | 0 | 1 |
| 1 | 1 | 0 |

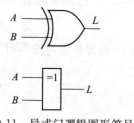

图 10-11　异或门逻辑图形符号

4) 同或门

当两个输入相同时,输出为 1;否则为 0。实现这种因果关系的逻辑运算称为同或运算。其真值表如表 10-8 所示,其逻辑函数表达式为

$$L = AB + \overline{A}\,\overline{B} = A \odot B \tag{10-8}$$

其逻辑图形符号表示如图 10-12 所示。

表 10-8 同或门逻辑真值表

| A | B | L |
|---|---|---|
| 0 | 0 | 1 |
| 0 | 1 | 0 |
| 1 | 0 | 0 |
| 1 | 1 | 1 |

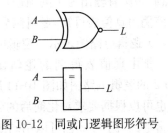

图 10-12 同或门逻辑图形符号

**5. 逻辑关系的几种表示**

一个较为复杂的逻辑问题往往受多个因素影响，因此会存在多个输入和输出变量。描述输入变量和输出变量之间的因果关系可以用不同的方法：真值表表示、逻辑函数表示、逻辑电路图表示和波形图表示。

**例 10-2** 设计一个楼上、楼下开关的控制逻辑电路来控制楼梯上的路灯，使之在上楼前，用楼下开关打开电灯，上楼后，用楼上开关关灭电灯；或者在下楼前，用楼上开关打开电灯，下楼后，用楼下开关关灭电灯。

**解**：(1) 用真值表表示。根据题意可知，楼上、楼下有两个双掷开关 $S_1$ 和 $S_2$，因此有两个输入变量，分别用 $A$、$B$ 表示，开关向上用 1 表示，开关向下用 0 表示，输出变量是灯的状态，用 $F$ 表示，1 表示灯亮，0 表示灯灭。楼梯灯的开关示意图如图 10-13 所示。

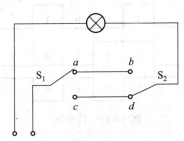

图 10-13 楼梯灯的开关示意图

由此可得开关的状态表，如表 10-9 所示。

由状态表可以得出对应的真值表，如表 10-10 所示。

表 10-9 开关状态表

| 开关 $S_1$ | 开关 $S_2$ | 灯 |
|---|---|---|
| 下 | 下 | 亮 |
| 下 | 上 | 灭 |
| 上 | 下 | 灭 |
| 上 | 上 | 亮 |

表 10-10 开关状态对应的真值表

| A | B | F |
|---|---|---|
| 0 | 0 | 1 |
| 0 | 1 | 0 |
| 1 | 0 | 0 |
| 1 | 1 | 1 |

（2）逻辑函数表达式表示。逻辑函数表达式是用与、或、非等运算组合起来，表示输出变量和输入变量之间逻辑关系的逻辑代数式。取真值表中输出为1的对应输入变量的与项，然后将所有输出为1的项进行或运算，即为逻辑函数表达式。

该例由真值表可知，逻辑函数表达式为 $F=AB+\overline{A}\overline{B}$。

（3）逻辑电路图表示。逻辑电路图是根据逻辑函数，用与、或和非等逻辑门构成的逻辑电路。把由真值表得到的逻辑函数表达式先进行化简，然后再由门电路构成逻辑图，例 10-2 的逻辑电路图如图 10-14 所示。

也可以根据要求对化简后的函数表达式进行变换，用不同的门电路构成实现相同功能的逻辑电路，例 10-2 也可以用同或门实现，如图 10-15 所示。

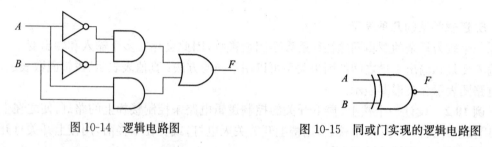

图 10-14　逻辑电路图　　　　图 10-15　同或门实现的逻辑电路图

（4）波形图表示。当输入变量取值不同时，得到不同的输出量。把输入、输出关系按不同取值依次排列得到的图形称为波形图。

如本例所示，当 $A$、$B$ 取值不同时，得到的波形图如图 10-16 所示。

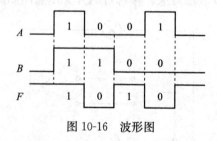

图 10-16　波形图

## 10.2　逻辑函数化简

同一个逻辑函数可以写成不同形式的逻辑表达式。在逻辑电路设计中，逻辑函数最终要用逻辑电路来实现。因此，化简和变换逻辑函数可以简化电路、节省器材、降低成本、提高系统的可靠性。逻辑代数化简和卡诺图化简是逻辑函数化简常用的方法。

### 10.2.1　逻辑代数化简

逻辑代数是一系列的定律、定理和规则，用它们可以对逻辑关系的运算进行处理，可以对逻辑函数表达式进行化简和变换，以完成对逻辑电路的分析和设计。

**1. 基本定律**

基本定律：$A \cdot 0=0; A \cdot 1=A; A+1=1; A+0=A; A+\overline{A}=1; A \cdot \overline{A}=0; A \cdot A=$

$A$；$A+A=A$；$\overline{\overline{A}}=A$。

交换律：$A \cdot B = B \cdot A$；$A+B=B+A$。

结合律：$A \cdot B \cdot C = (A \cdot B) \cdot C$；$A+B+C=(A+B)+C$。

分配律：$A(B+C)=AB+AC$；$A+BC=(A+B)(A+C)$。

吸收律：$A+AB=A$；$A(A+B)=A$；$A+\overline{A}B=A+B$。

反演律（摩根定律）：$\overline{A+B}=\overline{A} \cdot \overline{B}$；$\overline{A \cdot B}=\overline{A}+\overline{B}$。

反演律可推广到 $n$ 个变量：

$$\overline{A+B+C+\cdots}=\overline{A} \cdot \overline{B} \cdot \overline{C} \cdots$$
$$\overline{A \cdot B \cdot C \cdots}=\overline{A}+\overline{B}+\overline{C}+\cdots$$

**2. 逻辑函数的代数法化简和变换**

当把与、或、非及其复合运算结合起来，就可以构成逻辑函数。当逻辑函数不是最简的时候，可以用以上逻辑代数的基本定律化简。

**例 10-3** 化简下列逻辑函数表达式。

$$F=ABC+ABCD+A\overline{B}C+A\overline{B}\,\overline{C}+AB\overline{C}$$

解：
$$F=ABC(1+D)+A\overline{B}(C+\overline{C})+AB\overline{C}$$
$$=ABC+A\overline{B}+AB\overline{C} \quad (运用 1+D=1, C+\overline{C}=1)$$
$$=AB(C+\overline{C})+A\overline{B}$$
$$=AB+A\overline{B}=A(B+\overline{B})=A \cdot 1=A$$

**例 10-4** 化简下列逻辑函数表达式。

$$F=\overline{(A+B)\overline{\overline{AB}}} \quad (运用反演律 \overline{A \cdot B}=\overline{A}+\overline{B})$$

解：$F=\overline{(A+B)+\overline{\overline{\overline{AB}}}}=\overline{(A+B)+\overline{AB}} \quad (运用反演律 \overline{A \cdot B}=\overline{A}+\overline{B} 和基本定律 \overline{\overline{A}}=A)$
$$=\overline{\overline{A}\,\overline{B}+\overline{A}B} \quad (运用反演律 \overline{A+B}=\overline{A} \cdot \overline{B})$$
$$=\overline{A} \cdot (\overline{B}+B)=\overline{A} \cdot 1=\overline{A} \quad (运用基本定律 A+\overline{A}=1)$$

实现同一功能的逻辑函数也可以有不同的表达形式。

$$F=AB+\overline{B}C \quad (与或表达式)$$
$$=(A+\overline{B})(B+C) \quad (或与表达式)$$
$$=\overline{\overline{AB+\overline{B}C}}=\overline{\overline{AB} \cdot \overline{\overline{B}C}} \quad (与非-与非表达式)$$
$$=(A+\overline{B})(B+C)=\overline{\overline{(A+\overline{B})}+\overline{(B+C)}} \quad (或非-或非表达式)$$

## 10.2.2 卡诺图化简

**1. 最小项的定义**

对于一个有 $n$ 个变量的逻辑函数，若其乘积项包含了全部的 $n$ 个变量，而每个变量都以原变量或反变量的形式在乘积项中出现且仅出现一次，则该乘积项就称为最小项。如 3 变量的逻辑函数，如果其变量用 $A$、$B$、$C$ 来表示，则其最小项有 8 项，分别为 $\overline{A}\,\overline{B}\,\overline{C}$、$\overline{A}\,\overline{B}C$、$\overline{A}B\overline{C}$、$\overline{A}BC$、$A\overline{B}\,\overline{C}$、$A\overline{B}C$、$AB\overline{C}$、$ABC$，而 $AB(C+\overline{C})$、$ABCA$ 就不是最小项了。将最小项中的原变量用 1 表示，反变量用 0 表示，则可以对最小项进行编号，最小项的编号用小写的 $m$

加下标表示。如 $\overline{A}BC$，$\overline{A}$ 和 $\overline{B}$ 用 0 表示，$C$ 用 1 表示，其对应的二进制值为 001，所以 $\overline{A}\overline{B}C$ 的编号为 $m_1$。因此，3 变量的最小项的编号为 $m_0 \sim m_7$。

**例 10-5** 把逻辑函数表示成最小项的形式。
$$F(A,B,C) = A\overline{B} + BC$$

**解**：逻辑函数有 3 个变量，当函数表达式中的乘积项缺少某个变量，可以用 $A + \overline{A} = 1$ 添项，使每个乘积项都变成最小项。

$$\begin{aligned}
F(A,B,C) &= A\overline{B}(C+\overline{C}) + (A+\overline{A})BC \quad (\text{运用定理 } A \cdot 1 = A, A + \overline{A} = 1)\\
&= A\overline{B}C + A\overline{B}\overline{C} + ABC + \overline{A}BC \quad (\text{运用定律 } A(B+C) = AB + AC)\\
&= m_5 + m_4 + m_7 + m_3 = \sum m(3,4,5,7)
\end{aligned}$$

**2. 卡诺图及其化简**

卡诺图化简法又称为图形化简法。该方法简单、直观且容易掌握，因而在逻辑设计中得到了广泛应用。卡诺图是一种平面方格阵列图，$n$ 个变量的卡诺图由 $2^n$ 个小方格构成。$n$ 个变量函数的卡诺图是用二维图形中 $2^n$ 个小方格的坐标值给出变量的 $2^n$ 种取值，每个小方格与一个最小项对应。最小项在卡诺图里的位置以如下规则为依据：几何位置相邻的最小项在逻辑上也是相邻的，即相邻的最小项只有一个变量不同，如图 10-17(a)、(b)、(c)所示分别为 2 变量、3 变量和 4 变量的卡诺图。卡诺图中的变量也可以用 0、1 表示，其中，原变量用 1 表示，反变量用 0 表示，如 $\overline{A}B$ 可以用 00 表示。

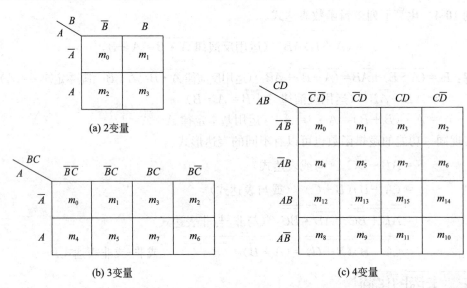

图 10-17  2 变量、3 变量、4 变量的卡诺图

从图 10-17 所示的各卡诺图可以看出，卡诺图上变量的排列规律使最小项的相邻关系能在图形上清晰地反映出来。除了从图上可以直观看出来的相邻项外，3 变量卡诺图的第 1 列和第 4 列对应最小项也满足只有一个变量不同，它们也是相邻的，4 变量卡诺图的第 1 列和第 4 列、第 1 行和第 4 行也是相邻的。根据定理 $AB + A\overline{B} = A$ 和相邻最小项的定义，两个相邻最小项可以合并为一个与项并消去一个变量。例如，4 变量最小项 $ABCD$ 和

$ABC\overline{D}$ 相邻,可以合并为 $ABC$;$AB\overline{C}\overline{D}$ 和 $AB\overline{C}D$ 相邻,可以合并为 $AB\overline{C}$;而与项 $ABC$ 和 $AB\overline{C}$ 又为相邻与项,故按同样道理可进一步将两个相邻与项合并为 $AB$,如图 10-18 所示。

用卡诺图化简逻辑函数的基本原理就是把上述逻辑依据和图形特征结合起来,通过把卡诺图上表征相邻最小项的相邻小方格"圈"在一起进行合并,达到用一个简单"与"项代替若干最小项的目的。

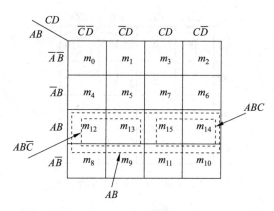

图 10-18 卡诺图化简依据

使用卡诺图化简步骤如下:首先根据逻辑函数填写卡诺图,填写原则为逻辑函数中所包含的最小项在卡诺图对应位置填 1,逻辑函数不包含的最小项在卡诺图对应位置填 0,无关项可以填 0 或 1;然后合并最小项,合并的方法如上所示,将相邻的 1 方格圈成一组(包围圈),并要尽可能包含最多的最小项,且每一组含 $2^n$ 个方格,对应每个包围圈写成一个新的乘积项;最后将所有包围圈对应的乘积项相加。

**例 10-6** 将下列逻辑函数用卡诺图化简。
$$F(A,B,C,D) = \sum m(2,3,8,9,10,11)$$

**解**:函数对应的卡诺图如图 10-19 所示,由图可知:
$$F(A,B,C,D) = A\overline{B} + \overline{B}C$$

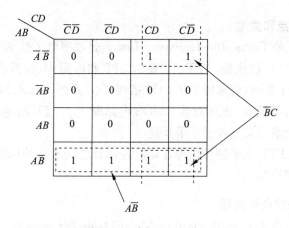

图 10-19 例 10-6 卡诺图

**例 10-7** 将下列逻辑函数用卡诺图化简。

$$F(A,B,C,D) = \sum m(2,3,6,7,10,11) + \sum d(12,13,14,15)$$

**解**：函数对应的卡诺图如图 10-20 所示，其中，函数中的 $d$ 表示无关项，无关项是既不为 0 也不为 1 的最小项，在化简过程中，可以根据情况，把它当成 0 或当成 1。在本例中，最小项 12、13 项当成 0，最小项 14、15 当成 1。无关项在卡诺图中用"×"表示。

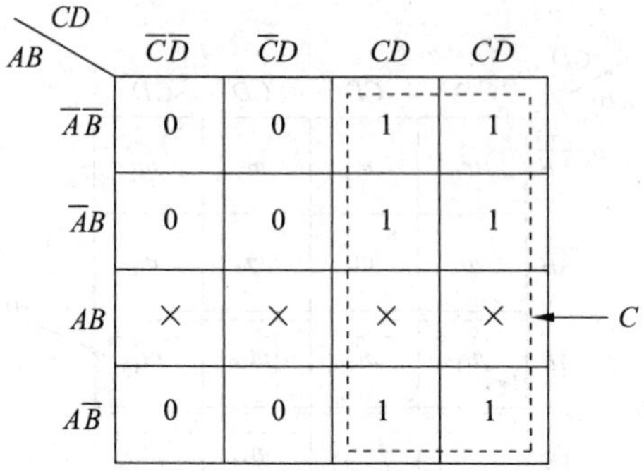

| AB\CD | $\overline{C}\overline{D}$ | $\overline{C}D$ | $CD$ | $C\overline{D}$ |
|---|---|---|---|---|
| $\overline{A}\overline{B}$ | 0 | 0 | 1 | 1 |
| $\overline{A}B$ | 0 | 0 | 1 | 1 |
| $AB$ | × | × | × | × |
| $A\overline{B}$ | 0 | 0 | 1 | 1 |

图 10-20　例 10-7 卡诺图

由图可知：

$$F(A,B,C,D) = C$$

## 10.3　集成逻辑门电路及其使用

集成逻辑门电路是指实现与、或、非及其复合运算的基本单元电路，也指 OC（集电极开路门）、OD（漏极开路门）及三态门等的单元电路。集成门电路主要由 BJT 管、MOS 管构成，由 BJT 管构成的为 TTL 门电路，由 MOS 管构成的为 CMOS 门电路。集成门电路中，BJT 管和 MOS 管工作在开关状态。

### 10.3.1　集成逻辑门电路

**1. TTL 门电路特点和类型**

TTL 的英文全称是 Transistor-Transistor Logic，是数字电子技术中常用的一种逻辑门电路，应用较早，技术已比较成熟。TTL 主要由 BJT 和电阻构成，具有速度快的特点。最早的 TTL 门电路是 74 系列，后来出现了 74H 系列、74L 系列、74LS、74AS、74ALS 等系列。但是由于 TTL 功耗大等缺点，正逐渐被 CMOS 电路取代。TTL 门电路有 74（商用）和 54（军用）两个系列，每个系列又有若干个子系列。

TTL 电平信号：TTL 电平信号作为计算机各部分之间通信的标准技术，+5V 等价于逻辑"1"，0V 等价于逻辑"0"。

**2. CMOS 门电路特点和类型**

CMOS 的英文全称是 Complementary Metal-Oxide-Semiconductor，CMOS 逻辑门电路是在 TTL 电路问世之后开发出的第二种广泛应用的数字集成器件，从发展趋势来看，由于制造工艺的改进，CMOS 电路的性能已超越 TTL 而成为占主导地位的逻辑器件。

CMOS 电路的工作速度可与 TTL 相比较,而它的功耗和抗干扰能力则远优于 TTL。此外,几乎所有的超大规模存储器件以及 PLD 器件都采用 CMOS 工艺制造,且费用较低。早期生产的 CMOS 门电路为 4000 系列,后来出现了 HC(HCT)系列、AC 系列等,CMOS 门电路与 TTL 门电路可以兼容。

### 3. 门电路举例

由 BJT 管和 MOS 管构成的各种集成门电路在一片芯片上封装了多个同类运算,如多个与非门、多个或非门等。图 10-21 为 4-2 输入与非门 74LS00 的内部结构图和引脚排列图,封装形式为直插式封装,有 14 个引脚。使用时 14 引脚接+5V 电源,7 引脚接地。

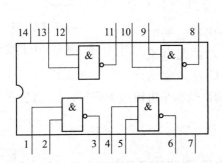
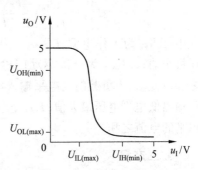

图 10-21  4-2 输入与非门 74LS00 的内部结构图和引脚排列图    图 10-22  非门的电压传输特性曲线

电压传输特性曲线是指门电路的输出电压 $u_O$ 随输入电压 $u_I$ 变化的关系曲线,即 $u_O=f(u_I)$,如图 10-22 所示为非门(反相门)的传输特性曲线。

由图可知,当输入从 0V 开始增加,输入电压在一定范围内时,输出电压为高电平;当输入电压继续增加,输出电压变为低电平;当输入电压继续变大,输出电压不变。因此,不管输入电压还是输出电压,当低于某个值时,被视为低电平;当高于某个值时,被视为高电平。分别表示如下。

$U_{IH}$:输入高电平电压,产品会规定最小值 $U_{IH(min)}$。
$U_{IL}$:输入低电平电压,产品会规定最大值 $U_{IL(max)}$。
$U_{OH}$:输出高电平电压,产品会规定最小值 $U_{OH(min)}$。
$U_{OL}$:输出低电平电压,产品会规定最大值 $U_{OL(max)}$。
不同系列的逻辑门高、低电平对应电压值不一样。

### 4. OC 和 OD 门电路

OC(Open Collector)门又称为集电极开路门,是一种将输出级晶体管集电极开路的门电路;OD(Open Drain)门又称为漏极开路门,是一种输出级只有 NMOS 管且其漏极开门的门电路。OC(OD)的电路符号如图 10-23 所示,这类门电路必须外接上拉电阻。实际使用中,当需要两个或两个以上与非门的输出端并联使用时,可以使用 OC 门(OD 门)实现这种"线与"逻辑,电路如图 10-24 所示。

图 10-23  OC(OD)门符号

当其他门电路作为 OC 门(OD 门)的负载时,OC(OD)门称为驱动门,其后所接门电路为负载门,既要保证驱动门电流不超过最大允许值,又要提高开关响应速度,从多方面考虑,上拉电阻的取值很重要。考虑两种极端情况：第一种情况，所有门都截止输出高电平，可求出上拉电阻的最大取值 $R_{max}$，如式(10-9)所示；第二种情况，只有一个门导通，其他门都截止，输出低电平，可求得上拉电阻的最小值 $R_{min}$，如式(10-10)所示，在最大值和最小值之间选择某一电阻即可满足电路要求。

$$R_{max} = \frac{U_{DD} - U_{OH(min)}}{I_{OZ(total)} + I_{IH(total)}} \quad (10\text{-}9)$$

$$R_{min} = \frac{U_{DD} - U_{OL(max)}}{I_{OL(max)} - I_{IL(total)}} \quad (10\text{-}10)$$

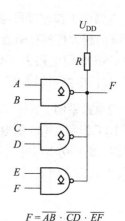

图 10-24　OC(OD)门"线与"功能

式中：$U_{DD}$ 为工作电源；$U_{OH(min)}$ 为驱动门输出高电平电压最小值；$I_{OZ(total)}$ 为全部驱动门输出高电平时的漏电流之和；$I_{IH(total)}$ 为负载门高电平输入电流之和；$U_{OL(max)}$ 驱动门输出低电平电压最大值；$I_{OL(max)}$ 为驱动门输出低电平电流最大值；$I_{IL(total)}$ 为负载门输入低电平的电流之和。

**5. 三态门**

三态门(Three-State Gate)也称三态输出门，是指除了具有高电平和低电平状态外，还有第三种状态——高阻态的三种输出状态的门电路。高阻态相当于隔断状态(电阻很大，相当于开路)。高阻态是一个数字电路里常见的术语，指的是电路的一种输出状态，既不是高电平也不是低电平，如果高阻态再输入下一级电路，对下级电路无任何影响，和没接一样；如果用万用表测量，有可能是高电平，也有可能是低电平，随它后面接的电路定。其电路符号如图 10-25 所示。图中，EN 为使能端；$A$ 为数据输入端；$L$ 为数据输出端。三态门的功能表如表 10-11 所示。

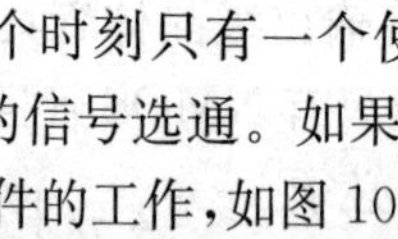

图 10-25　三态门符号

表 10-11　三态门的功能表

| 使能 EN | $A$ | $L$ |
|---|---|---|
| 1 | 0 | 0 |
| 1 | 1 | 1 |
| 0 | × | 高阻 |

三态门是一种扩展逻辑功能的输出级，也是一种控制开关。主要用于总线的连接，因为总线只允许每个时刻只有一个使用者。通常在数据总线上接有多个器件，每个器件通过 EN/OE 之类的信号选通。如果器件没有选通，它就处于高阻态，相当于没有接在总线上，不影响其他器件的工作，如图 10-26 所示。

## 10.3.2　逻辑门使用中的几个问题

以上讨论了几种逻辑门电路，在具体的应用中可以根据要求选用器件。器件的主要技术参数有噪声容限、传输延迟时间和带负载能力等，据此可以正确地选用一种器件或两种器件混用。下面对器件的主要技术参数、不同门电路之间的接口技术及门电路与负载之间的

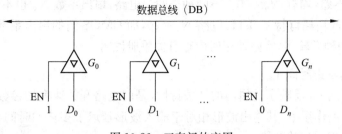

图 10-26  三态门的应用

匹配等进行介绍。

### 1. 噪声容限

在数字系统中,信号在线路上传输可能会受到各种噪声干扰,这些噪声会叠加在信号上,信号值会变大或变小,但只要其幅度不超过逻辑电平允许的最大值或最小值,则输出逻辑状态不受影响。噪声容限指的是在保证后一级正常工作所允许的最大噪声幅度。噪声容限越大,表示门电路的抗干扰能力越强。噪声容限分高电平噪声容限和低电平噪声容限。图 10-27 所示为一个驱动门驱动一个负载门的噪声容限示意图。

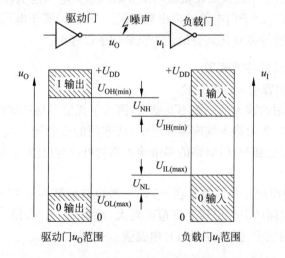

图 10-27  驱动门驱动负载门的噪声容限示意图

图中,$U_{NL}$ 表示低电平噪声容限,是驱动门输出低电平时允许的最大噪声电压,如式(10-11)所示:

$$U_{NL} = U_{IL(max)} - U_{OL(max)} \tag{10-11}$$

$U_{NH}$ 表示高电平噪声容限,是驱动门输出高电平时允许的最大噪声电压,如式(10-12)所示:

$$U_{NH} = U_{OH(min)} - U_{IH(min)} \tag{10-12}$$

### 2. 扇出系数

扇出系数简称为扇出,它是指一个门电路输出端最多能驱动同类门电路的个数。扇出系数常用符号 $N_o$ 来表示。对于典型的 TTL 门电路,$N_o = 10$。这就是说,对任意一个合格的 TTL 系列门电路,均有 $N_o=10$。不同种类的门电路,扇出系数 $N_o$ 也不相同。除典型的 TTL 门电路外,低功耗肖特基 TTL 电路 $N_o=20$,而 CMOS 门的扇出系数较大,一般都大于 50。门电路的种类较多,实际使用时应查有关手册说明。

### 3. 平均传输延迟时间 $t_{pd}$

平均延迟时间 $t_{pd}$ 反映了逻辑门的开关特性,是门电路开关速度的参数,它表示门电路在输入脉冲波形的作用下,其输出波形相对于输入波形延迟了多长的时间。即 $t_{pd}$ 越小,集成数字电路的工作速度就越快。

### 4. 不同门电路之间的接口

在数字电路或系统的设计中,往往由于工作速度或者功耗指标的要求,需要采用多种逻辑门混合使用,例如,TTL 和 CMOS 两种逻辑门都要使用。由前面几节的讨论已知,每种集成门电路的电压和电流参数各不相同,因而需要采用接口电路,一般需要考虑下面三个条件。

(1) 驱动门必须能对负载门提供足够大的灌电流。
(2) 驱动门必须对负载门提供足够大的拉电流。
(3) 驱动门的输出电压必须处在负载门所要求的输入电压范围,包括高、低电压值。

其中,条件(1)和(2)属于门电路的扇出数问题。条件(3)属于电压兼容性的问题。其余如噪声容限及开关速度等参数在某些设计中也必须予以考虑。

### 5. 使用集成逻辑门的注意事项

(1) 对门电路中闲置输入端的处理。

门电路中多余不用的输入端一般不要悬空,因为干扰信号易从这些悬空端引入,使电路工作不稳定。与非门的多余输入端应接高电平,或非门的多余输入端接低电平。工作速度不高、驱动门负载能力较强时,门电路的多余输入端均可以与已使用的输入端并联。

(2) 工作电源。

TTL 集成块的供电电压最好稳定在+5V,一般也应保证为 4.75~5.25V,电压过高易损坏集成块。MOS 电路的电源电压允许范围较大,约为 3~18V,使电路的输出高、低电平的摆幅大,因此电路的抗干扰能力比 TTL 电路强。

## 10.4 组合逻辑电路

数字系统中常用的各种数字部件,按其组成结构和功能原理分,可分为组合逻辑电路和时序逻辑电路。所谓的组合逻辑电路,是指其由各种逻辑门电路构成,不存在反馈,其任何时刻输出只与该时刻的输入有关,而与电路原来状态无关。本节主要介绍组合逻辑电路的分析、组合逻辑电路的设计及典型集成组合逻辑电路。

### 10.4.1 组合逻辑电路分析

组合逻辑电路的分析就是根据给定的逻辑电路图求出电路的逻辑功能。分析的主要步骤如下。

(1) 由逻辑图写出逻辑表达式。

(2) 用逻辑代数和卡诺图化简表达式。

(3) 列真值表。

(4) 得出逻辑功能。

**例 10-8** 逻辑电路如图 10-28 所示,分析其逻辑功能。

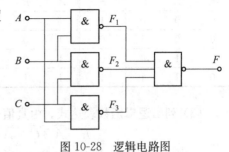

图 10-28 逻辑电路图

**解**:(1) 写出逻辑函数表达式为

$$F_1 = \overline{AB}$$
$$F_2 = \overline{BC}$$
$$F_3 = \overline{CA}$$
$$F = \overline{F_1 \cdot F_2 \cdot F_3} = \overline{\overline{AB} \cdot \overline{BC} \cdot \overline{CA}}$$

(2) 化简逻辑函数表达式为

$$F = \overline{\overline{AB} \cdot \overline{BC} \cdot \overline{CA}} = AB + BC + CA$$

(3) 列真值表。根据逻辑函数表达式可得如表 10-12 所示的真值表。

(4) 分析逻辑功能。由真值表可知,当输入 $A$、$B$、$C$ 中有 2 个或 3 个为 1 时,输出 $Y$ 为 1,否则输出 $Y$ 为 0。所以这个电路实际上是一种 3 人表决用的组合电路:只要有 2 票或 3 票同意,表决就通过。

表 10-12 真值表

| $A$ | $B$ | $C$ | $F$ | $A$ | $B$ | $C$ | $F$ |
|---|---|---|---|---|---|---|---|
| 0 | 0 | 0 | 0 | 1 | 0 | 0 | 0 |
| 0 | 0 | 1 | 0 | 1 | 0 | 1 | 1 |
| 0 | 1 | 0 | 0 | 1 | 1 | 0 | 1 |
| 0 | 1 | 1 | 1 | 1 | 1 | 1 | 1 |

## 10.4.2 组合逻辑电路设计

组合逻辑电路的设计就是根据逻辑功能要求设计能实现该功能的逻辑电路。实现功能的逻辑电路可以用逻辑门电路实现,也可以用中规模集成电路实现,还可以用可编程逻辑器件(PLD)实现。组合逻辑电路的设计主要步骤如下。

(1) 逻辑抽象:根据设计要求描述问题的因果关系,确定输入、输出变量,并对变量赋值,用 0 和 1 表示不同的状态。

(2) 列真值表:根据定义列出对应真值表。

(3) 化简和变换:根据真值表,写出逻辑函数表达式,先用逻辑代数或卡诺图化简表达式,然后根据所用元器件变换。

(4) 画出对应逻辑电路图。

**例 10-9** 设计一个交通报警控制电路。交通信号灯有红、绿、黄 3 种,3 种灯分别单独工作时属正常情况,其他情况均属故障,出现故障时输出报警信号。

**解**:(1) 逻辑抽象。设红、绿、黄灯分别用 $A$、$B$、$C$ 表示,灯灭时其值为 0,灯亮时其值为 1;输出报警信号用 $F$ 表示,灯正常工作时其值为 0,灯出现故障时其值为 1。

(2) 根据逻辑要求列出真值表，如表 10-13 所示。

表 10-13 真值表

| A | B | C | F | A | B | C | F |
|---|---|---|---|---|---|---|---|
| 0 | 0 | 0 | 1 | 1 | 0 | 0 | 0 |
| 0 | 0 | 1 | 0 | 1 | 0 | 1 | 1 |
| 0 | 1 | 0 | 0 | 1 | 1 | 0 | 1 |
| 0 | 1 | 1 | 1 | 1 | 1 | 1 | 1 |

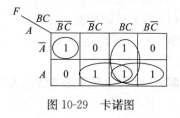

图 10-29 卡诺图

(3) 列出逻辑函数表达式。由真值表 10-13 可得：

$$F = \overline{A}\,\overline{B}\,\overline{C} + \overline{A}BC + A\overline{B}C + AB\overline{C} + ABC$$

画出函数对应卡诺图如图 10-29 所示，对应卡诺图对函数表达式化简：

$$F = AB + BC + CA + \overline{A}\,\overline{B}\,\overline{C}$$

(4) 逻辑电路图。根据化简后的逻辑表达式画出逻辑电路图，如图 10-30 所示。

如果实现逻辑电路的门电路是确定的，则需要对化简后的函数表达式进行变化。如用与非门实现本例中的逻辑功能，则 $F = \overline{\overline{AB + BC + CA + \overline{A}\,\overline{B}\,\overline{C}}} = \overline{\overline{AB} \cdot \overline{BC} \cdot \overline{CA} \cdot \overline{\overline{A}\,\overline{B}\,\overline{C}}}$，其逻辑电路如图 10-31 所示。

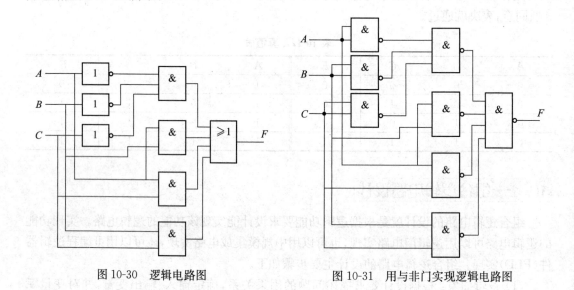

图 10-30 逻辑电路图　　　　图 10-31 用与非门实现逻辑电路图

## 10.4.3 常用典型的组合逻辑电路

随着半导体工艺的发展，许多常用的组合逻辑电路被制成了中规模集成芯片。中规模组合逻辑电路的种类很多，有编码器、译码器、数据选择器和加法器等，在数字系统中被广泛应用。下面分别进行介绍。

**1. 编码器**

在数字系统中，将文字、符号、数码或特定信息用不同二进制代码表示的过程称为编码。能实现编码功能的电路称为编码器。编码器的框图如图 10-32 所示。

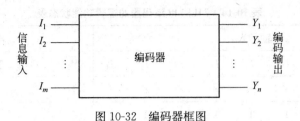

图 10-32 编码器框图

由图可知,当对 $m$ 个信息编码时,输出的对应二进制代码是 $n$ 位。$m$ 和 $n$ 之间应该满足:$2^n \geq m$。如有 a、b、c、d 四个信号,如果对信号编码可以用 2 位的二进制代码表示,分别为 00(a)、01(b)、10(c) 和 11(d)。

编码器可分为普通编码器和优先编码器。普通编码器是指所有输入信号优先级相同,任何时候只允许输入一个有效编码信号,否则输出就会发生混乱的编码器。优先编码器是指输入信号有优先级别,允许同时输入两个以上的有效编码信号,当同时输入几个有效编码信号时,优先编码器能按预先设定的优先级别,只对其中优先权应为最高的一个进行编码的编码器。

1)二进制编码器

二进制编码器是用 $n$ 位二进制数表示 $2^n$ 个信号的编码器,如 8 线-3 线的优先编码器 74LS148。74LS148 的引脚如图 10-33 所示,$\overline{S}$ 为使能输入端,低电平有效。$Y_S$ 为选通输出端,当扩展编码器的位数时,通常接至低位芯片的 $\overline{S}$ 端。$Y_S$ 和 $\overline{S}$ 配合可以实现多级编码器的扩展。$Y_{EX}$ 为优先编码输出端,是控制标志。$Y_{EX}=0$ 表示是编码输出;$Y_{EX}=1$ 表示不是编码输出。74LS148 编码器的逻辑功能状态表如表 10-14 所示。由表可知,当 $\overline{S}=1$ 时,禁止编码;当 $\overline{S}=0$ 时,根据输入信号编码,其中 $\overline{I_7}$ 优先级最高,$\overline{I_0}$ 优先级最低。

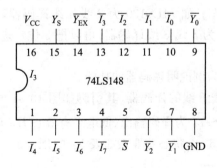

图 10-33 74LS148 引脚

2)二-十进制编码器

二-十进制编码器是将 0~9 十个数编码成 4 位二进制代码的电路,简称 BCD 码编码器。编码的方法很多,如 8421 码、5421 码、余 3 码等。最常用的 BCD 码为 8421 码,该种编码方式即选用 4 位二进制代码的前 10 个代码 0000~1001 来表示 0~9 十个数,8、4、2、1 分别代表 4 位二进制数的权值,如 1000 即为 8+0+0+0=8,表示数 8。74LS147 即为 10 线-4 线 BCD 编码器,其输出的编码为 8421BCD 码的反码。

表 10-14　74LS148 编码器的逻辑功能状态表

| $\overline{S}$ | $\overline{I_7}$ | $\overline{I_6}$ | $\overline{I_5}$ | $\overline{I_4}$ | $\overline{I_3}$ | $\overline{I_2}$ | $\overline{I_1}$ | $\overline{I_0}$ | $\overline{Y_2}$ | $\overline{Y_1}$ | $\overline{Y_0}$ | $\overline{Y_{EX}}$ | $\overline{Y_S}$ |
|---|---|---|---|---|---|---|---|---|---|---|---|---|---|
| 1 | × | × | × | × | × | × | × | × | 1 | 1 | 1 | 1 | 1 |
| 0 | 1 | 1 | 1 | 1 | 1 | 1 | 1 | 1 | 1 | 1 | 1 | 1 | 0 |
| 0 | 0 | × | × | × | × | × | × | × | 0 | 0 | 0 | 0 | 1 |
| 0 | 1 | 0 | × | × | × | × | × | × | 0 | 0 | 1 | 0 | 1 |
| 0 | 1 | 1 | 0 | × | × | × | × | × | 0 | 1 | 0 | 0 | 1 |
| 0 | 1 | 1 | 1 | 0 | × | × | × | × | 0 | 1 | 1 | 0 | 1 |
| 0 | 1 | 1 | 1 | 1 | 0 | × | × | × | 1 | 0 | 0 | 0 | 1 |
| 0 | 1 | 1 | 1 | 1 | 1 | 0 | × | × | 1 | 0 | 1 | 0 | 1 |
| 0 | 1 | 1 | 1 | 1 | 1 | 1 | 0 | × | 1 | 1 | 0 | 0 | 1 |
| 0 | 1 | 1 | 1 | 1 | 1 | 1 | 1 | 0 | 1 | 1 | 1 | 0 | 1 |

## 2. 译码器

译码是编码的逆过程,实现译码的电路称为译码器。译码器(Decoder)的逻辑功能是将每个输入的二进制代码译成对应的输出高、低电平或另外一个代码,它是组合逻辑电路的一个重要器件。常用的译码器电路有二进制译码器、二-十进制译码器和显示译码器等。

1) 二进制译码器

二进制译码器又称为 $n$-$2^n$ 译码器或全译码器,可以将输入的 $n$ 位二进制代码的 $2^n$ 种不同组合译成 $2^n$ 个输出状态。如 74LS139 为 2 线-4 线译码器,把 2 位二进制代码输入译成 4 个输出状态;74HC138 为 3 线-8 线译码器,可以把 3 位二进制代码输入译成 8 个输出状态等。

现以 74HC138 译码器为例说明译码器的功能。

74HC138 译码器为 3 线-8 线的译码器,其引脚如图 10-34 所示。图中,$A_2A_1A_0$ 为编码输入或地址输入引脚;$\overline{Y_7} \sim \overline{Y_0}$ 为译码输出(低电平有效);$E_3$、$\overline{E_2}$、$\overline{E_1}$ 为使能引脚,其逻辑图如图 10-35 所示。74HC138 的状态功能表如表 10-15 所示。

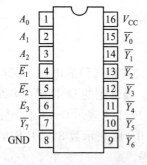

图 10-34　74HC138 的引脚

图 10-35　74HC138 的逻辑图

表 10-15 74HC138 的状态功能表

| 输入 | | | | | | 输出 | | | | | | | |
|---|---|---|---|---|---|---|---|---|---|---|---|---|---|
| $E_3$ | $\overline{E_2}$ | $\overline{E_1}$ | $A_2$ | $A_1$ | $A_0$ | $\overline{Y_0}$ | $\overline{Y_1}$ | $\overline{Y_2}$ | $\overline{Y_3}$ | $\overline{Y_4}$ | $\overline{Y_5}$ | $\overline{Y_6}$ | $\overline{Y_7}$ |
| × | 1 | × | × | × | × | 1 | 1 | 1 | 1 | 1 | 1 | 1 | 1 |
| × | × | 1 | × | × | × | 1 | 1 | 1 | 1 | 1 | 1 | 1 | 1 |
| 0 | × | × | × | × | × | 1 | 1 | 1 | 1 | 1 | 1 | 1 | 1 |
| 1 | 0 | 0 | 0 | 0 | 0 | 0 | 1 | 1 | 1 | 1 | 1 | 1 | 1 |
| 1 | 0 | 0 | 0 | 0 | 1 | 1 | 0 | 1 | 1 | 1 | 1 | 1 | 1 |
| 1 | 0 | 0 | 0 | 1 | 0 | 1 | 1 | 0 | 1 | 1 | 1 | 1 | 1 |
| 1 | 0 | 0 | 0 | 1 | 1 | 1 | 1 | 1 | 0 | 1 | 1 | 1 | 1 |
| 1 | 0 | 0 | 1 | 0 | 0 | 1 | 1 | 1 | 1 | 0 | 1 | 1 | 1 |
| 1 | 0 | 0 | 1 | 0 | 1 | 1 | 1 | 1 | 1 | 1 | 0 | 1 | 1 |
| 1 | 0 | 0 | 1 | 1 | 0 | 1 | 1 | 1 | 1 | 1 | 1 | 0 | 1 |
| 1 | 0 | 0 | 1 | 1 | 1 | 1 | 1 | 1 | 1 | 1 | 1 | 1 | 0 |

由表 10-15 可知: $\overline{Y_0}=\overline{\overline{A_2}\,\overline{A_1}\,\overline{A_0}}=\overline{m_0}$, $\overline{Y_1}=\overline{\overline{A_2}\,\overline{A_1}A_0}=\overline{m_1}$, $\overline{Y_2}=\overline{\overline{A_2}A_1\overline{A_0}}=\overline{m_2}$, $\overline{Y_3}=\overline{A\,B\,C}=\overline{m_3}$, $\overline{Y_4}=\overline{A_2\,\overline{A_1}\,\overline{A_0}}=\overline{m_4}$, $\overline{Y_5}=\overline{A_2\overline{A_1}A_0}=\overline{m_5}$, $\overline{Y_6}=\overline{A_2A_1\overline{A_0}}=\overline{m_6}$, $\overline{Y_7}=\overline{A_2A_1A_0}=\overline{m_7}$, 译码器的输出包含了输入 $A_2$、$A_1$、$A_0$ 组成的所有最小项。

**例 10-10** 用 74LS138 译码器扩展 4 线-16 线译码器。

**解**: 由于 74LS138 译码器为 3 线-8 线译码器,要构成 4 线-16 线译码器,需要 2 片 74LS138 加上适当的门电路构成,如图 10-36 所示。

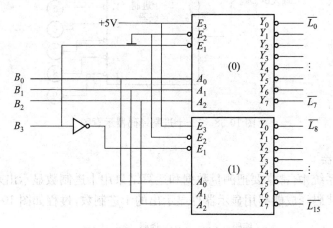

图 10-36 扩展 4 线-16 线译码器

**例 10-11** 用一片 74HC138 实现函数 $F=AB+A\overline{C}$。

**解**: 3 线-8 线译码器的 $\overline{Y_0}\sim\overline{Y_7}$ 含三变量函数的全部最小项,基于这一点用该器件能够方便地实现三变量逻辑函数。首先把函数变成最小项形式。

$$F=AB+A\overline{C}=AB(C+\overline{C})+A(B+\overline{B})\overline{C}=ABC+AB\overline{C}+A\overline{B}\,\overline{C}$$

$$= m_7 + m_6 + m_4 = \overline{\overline{m_7 + m_6 + m_4}} = \overline{\overline{m_7} \cdot \overline{m_6} \cdot \overline{m_4}}$$

在译码器的输出端加一个与非门,即可实现给定的组合逻辑函数,电路如图 10-37 所示。

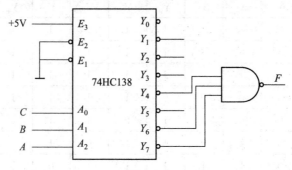

图 10-37 译码器实现逻辑函数

2) 二-十进制译码器

二-十进制译码器是将输入的 4 位 BCD 码译成对应的 0~9 的 10 个高、低电平信号输出的电路。由于 4 位二进制编码有 16 种组合,而二-十进制译码器会根据输入编码的编码方式,把其中的 10 种组合译成对应信号,如图 10-38 所示。例如,74LS42 二-十进制译码器可以对 0000~1001 编码组合译码,而对其余 1010~1111 的 6 种组合不进行译码。

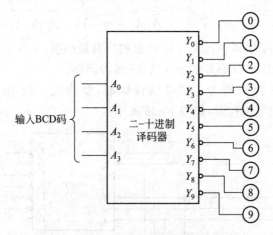

图 10-38 二-十进制译码器示意图

3) 显示译码器

在数字逻辑系统中,常常要把测量数据和运算结果用十进制数显示出来,这就要用显示译码器,将 BCD 代码译成能够用显示器件显示出来的十进制数,过程如图 10-39 所示。

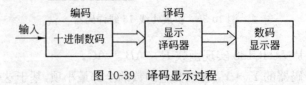

图 10-39 译码显示过程

半导体数码管(或称 LED 数码管)是常用的显示器件,其基本单元是发光 PN 结。当外加正向电压时,就能发出清晰的光线。多个 PN 结可以分段封装成半导体数码管,每段为一个发光二极管,选择不同字段发光,可显示出不同的字形。根据 PN 结连接形式的不同,可分为共阳数码管和共阴数码管,如图 10-40 和图 10-41 所示。七段数码管的引脚排列如图 10-42 所示。

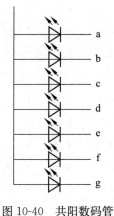

图 10-40 共阳数码管

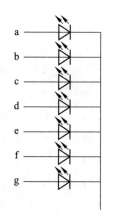

图 10-41 共阴数码管

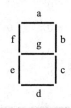

图 10-42 七段数码管的引脚排列

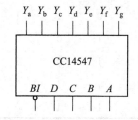

图 10-43 4 线-7 段 CC14547 的逻辑图

共阴极的数码管与"1"电平驱动(输出高电平有效)的显示译码器配合使用;共阳数码管与"0"电平驱动(输出低电平有效)的显示译码器配合使用。如集成显示译码器 CC14547 可以用来驱动共阴数码管。4 线-7 段 CC14547 的逻辑图如图 10-43 所示。其中,$BI$ 为消隐控制端;$A$、$B$、$C$、$D$ 为 8421 输入端;$Y_a \sim Y_g$ 为译码输出端,高电平有效。其状态功能表如表 10-16 所示。CC14547 与数码管的连接如图 10-44 所示。其他常用的集成显示译码器还有很多类型,如 CC4511、74LS48 等。

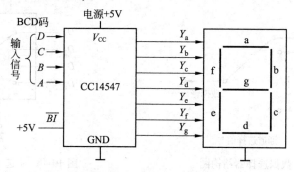

图 10-44 译码显示连接图

表 10-16　CC14547 状态功能表

| 输入 | | | | | 输出 | | | | | | | 数字显示 |
|---|---|---|---|---|---|---|---|---|---|---|---|---|
| $\overline{BI}$ | D | C | B | A | $Y_a$ | $Y_b$ | $Y_c$ | $Y_d$ | $Y_e$ | $Y_f$ | $Y_g$ | |
| 0 | × | × | × | × | 0 | 0 | 0 | 0 | 0 | 0 | 0 | 消隐 |
| 1 | 0 | 0 | 0 | 0 | 1 | 1 | 1 | 1 | 1 | 1 | 0 | 0 |
| 1 | 0 | 0 | 0 | 1 | 0 | 1 | 1 | 0 | 0 | 0 | 0 | 1 |
| 1 | 0 | 0 | 1 | 0 | 1 | 1 | 0 | 1 | 1 | 0 | 1 | 2 |
| 1 | 0 | 0 | 1 | 1 | 1 | 1 | 1 | 1 | 0 | 0 | 1 | 3 |
| 1 | 0 | 1 | 0 | 0 | 0 | 1 | 1 | 0 | 0 | 1 | 1 | 4 |
| 1 | 0 | 1 | 0 | 1 | 1 | 0 | 1 | 1 | 0 | 1 | 1 | 5 |
| 1 | 0 | 1 | 1 | 0 | 0 | 0 | 1 | 1 | 1 | 1 | 1 | 6 |
| 1 | 0 | 1 | 1 | 1 | 1 | 1 | 1 | 0 | 0 | 0 | 0 | 7 |
| 1 | 1 | 0 | 0 | 0 | 1 | 1 | 1 | 1 | 1 | 1 | 1 | 8 |
| 1 | 1 | 0 | 0 | 1 | 1 | 1 | 1 | 0 | 0 | 1 | 1 | 9 |
| 1 | 1 | 0 | 1 | 0 | 0 | 0 | 0 | 0 | 0 | 0 | 0 | 消隐 |
| 1 | 1 | 0 | 1 | 1 | 0 | 0 | 0 | 0 | 0 | 0 | 0 | 消隐 |
| 1 | 1 | 1 | 0 | 0 | 0 | 0 | 0 | 0 | 0 | 0 | 0 | 消隐 |
| 1 | 1 | 1 | 0 | 1 | 0 | 0 | 0 | 0 | 0 | 0 | 0 | 消隐 |
| 1 | 1 | 1 | 1 | 0 | 0 | 0 | 0 | 0 | 0 | 0 | 0 | 消隐 |
| 1 | 1 | 1 | 1 | 0 | 0 | 0 | 0 | 0 | 0 | 0 | 0 | 消隐 |

### 3. 数据选择器

实现从多路数据中选择其中所需要的一路数据输出功能的电路称为数据选择器。数据选择器的示意图如图 10-45 所示。

数据选择器一般包括通道选择信号、数据输入通道和数据输出通道。图 10-46 所示为 4 选 1 数据选择器的结构图。其功能表如表 10-17 所示。

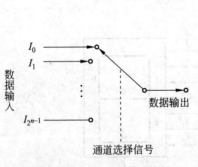

图 10-45　数据选择器结构图

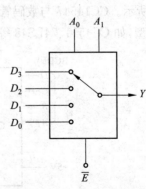

图 10-46　4 选 1 数据选择器

由表可知,当 $\overline{E}=1$,输出 $Y=0$;当 $\overline{E}=0$,$A_1A_0$ 取不同值时,从 $Y$ 输出不同的数据,即 $Y=\overline{A_1}\,\overline{A_0}D_0+\overline{A_1}A_0D_1+A_1\overline{A_0}D_2+A_1A_0D_3$。74LS153 为双 4 选 1 数据选择器,引脚图如图 10-47 所示。图中,$\overline{1S}$、$\overline{2S}$ 为使能引脚,低电平有效;2Y、1Y 为每路 4 选 1 数据选择器的输出端;$A_1$、$A_0$ 为双 4 选 1 数据选择器共用的通道选择信号;其他为每路选择器的数据输入端及电源和地引脚。

表 10-17  4 选 1 选择器功能表

| 使能 | 选择 | | 输出 |
|---|---|---|---|
| $\overline{E}$ | $A_1$ | $A_0$ | $Y$ |
| 1 | × | × | 0 |
| 0 | 0 | 0 | $D_0$ |
| 0 | 0 | 1 | $D_1$ |
| 0 | 1 | 0 | $D_2$ |
| 0 | 1 | 1 | $D_3$ |

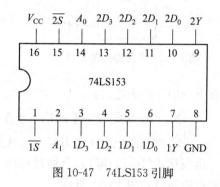

图 10-47  74LS153 引脚

**4. 加法器**

用来实现两个二进制数的加法运算的电路称为加法器,加法器是计算机中最基本的运算单元。这里我们先讨论 1 位加法器。1 位加法器如果不考虑低位的进位值,则为半加器;如果考虑低位进位值,则为全加器。

1) 半加器

两个 1 位二进制数相加,不考虑低位的进位的加法,其真值表如表 10-18 所示。其中,$A$ 和 $B$ 为两个加数;$S$ 为和;$C$ 为向高位的进位。由真值表可得 $S$ 和 $C$ 的表达式:

$$\begin{cases} S=\overline{A}B+A\overline{B} \\ C=AB \end{cases} \quad (10\text{-}13)$$

由表达式(10-13)可知,半加器可由一个与门和一个异或门实现,电路如图 10-48 所示。半加器的逻辑符号如图 10-49 所示。

表 10-18  半加器真值表

| $A$ | $B$ | $S$ | $C$ |
|---|---|---|---|
| 0 | 0 | 0 | 0 |
| 0 | 1 | 1 | 0 |
| 1 | 0 | 1 | 0 |
| 1 | 1 | 0 | 1 |

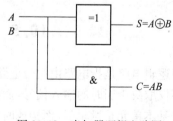

图 10-48  半加器逻辑电路图

2) 全加器

多位二进制数进行加法运算,高位的运算需要考虑低位向它的进位值,全加器实现将对应位上的两个加数和来自低位的进位数相加。1 位全加器的真值表如表 10-19 所示。其中,$A_i$ 和 $B_i$ 为两个加数;$C_{i-1}$ 为低位的进位信号;$S_i$ 为和;$C_i$ 为向高位的进位。由真值表

表 10-19 全加器真值表

| $A_i$ | $B_i$ | $C_{i-1}$ | $S_i$ | $C_i$ |
|---|---|---|---|---|
| 0 | 0 | 0 | 0 | 0 |
| 0 | 0 | 1 | 1 | 0 |
| 0 | 1 | 0 | 1 | 0 |
| 0 | 1 | 1 | 0 | 1 |
| 1 | 0 | 0 | 1 | 0 |
| 1 | 0 | 1 | 0 | 1 |
| 1 | 1 | 0 | 0 | 1 |
| 1 | 1 | 1 | 1 | 1 |

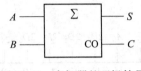

图 10-49 半加器的逻辑符号

可得 $S_i$ 和 $C_i$ 的表达式：

$$\begin{cases} S_i = \overline{A_i}\,\overline{B_i}C_{i-1} + \overline{A_i}B_i\overline{C_{i-1}} + A_i\,\overline{B_i}\,\overline{C_{i-1}} + A_iB_iC_{i-1} = A_i \oplus B_i \oplus C_{i-1} \\ C_i = \overline{A_i}B_iC_{i-1} + A_i\overline{B_i}C_{i-1} + A_iB_i\overline{C_{i-1}} + A_iB_iC_{i-1} = A_iB_i + (A_i \oplus B_i)C_{i-1} \end{cases} \quad (10\text{-}14)$$

由表达式(10-14)可知,全加器可由半加器和门电路实现,电路如图10-50所示。全加器的逻辑符号如图10-51所示。

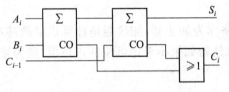

图 10-50 全加器逻辑电路图

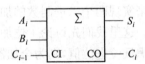

图 10-51 全加器的逻辑符号

多位全加器可由1位全加器级联构成,如74HC283就是4位加法器。加法器根据其进位信号产生电路的不同,可分为串行进位加法器和超前进位加法器。串行进位加法器是指参加高位运算的进位需要低位数据运算后才能获得,因此运算速度较慢,但是电路比较简单。而超前进位加法器是指进位由专门的进位产生电路产生,这样高位运算不需要等低位运算后的进位,这种加法器运算速度较快,但是因为有专门的进位产生电路,因此电路会比较复杂。

## 10.5 时序逻辑电路

时序逻辑电路是指电路由组合电路和存储单元构成,具有反馈,电路任何一个时刻的输出状态不仅取决于当时的输入信号,而且与电路的原状态有关,且有记忆功能。构成组合逻辑电路的基本单元是逻辑门,而构成时序逻辑电路的基本单元是触发器。时序逻辑电路在实际中的应用很广泛,按照工作时钟是否一致,分为同步时序逻辑电路和异步时序逻辑电路。本节主要介绍各类触发器、时序逻辑电路的分析和典型的时序逻辑部件计数器和寄存器的功能及应用。

## 10.5.1 触发器

时序逻辑电路的存储单元由触发器构成。触发器具有 0 和 1 两种稳定状态,因此称为双稳态触发器。在触发信号的作用下,触发器可以从一种稳定状态过渡到另外一种稳定状态。

**1. RS 触发器**

1) 基本 RS 触发器

基本 RS 触发器可用两个与非门交叉连接而成,如图 10-52(a)所示,图 10-52(b)是它的图形符号。$Q$ 与 $\overline{Q}$ 是基本触发器的输出端,两者的逻辑状态在正常条件下保持相反。这种触发器有两种稳定状态:一个状态是 $Q=1,\overline{Q}=0$,称为置位状态(1 态);另一个状态是 $Q=0,\overline{Q}=1$,称为复位状态(0 态)。对应的输入端分别称为直接置位端或直接置 1 端($S$);直接复位端或直接置 0 端($R$)。下面分四种情况分析基本 R-S 触发器输出与输入的逻辑关系。

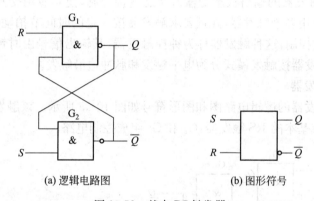

图 10-52 基本 RS 触发器

(1) $S=1, R=0$。

$S=1$,就是将 $S$ 端保持高电位,而 $R=0$,就是在 $R$ 端加一个负脉冲。设触发器的初始状态为 0 态,即 $Q=0, \overline{Q}=1$。这时与非门 $G_1$ 有一个输入端为 0,其输出端 $Q$ 变为 1;而 $G_2$ 的两个输入端全为 1,其输出端 $\overline{Q}$ 变为 0。如果它的初始状态为 1 态,触发器仍保持 1 态不变。

(2) $S=0, R=1$。

设触发器的初始状态为 1 态,即 $Q=1, \overline{Q}=0$。这时与非门 $G_2$ 有一个输入端为 0,其输出端 $\overline{Q}$ 变为 1;而 $G_1$ 的两个输入端全为 1,其输出端 $Q$ 变为 0。如果它的初始状态为 0 态,触发器仍保持 0 态不变。

(3) $S=1, R=1$。

$S=R=1$,则触发器保持原状态不变,具有存储或记忆功能。

(4) $S=0, R=0$。

当 $S$ 端和 $R$ 端同时为 0 时,两个"与非"门输出端都为 1,这就达不到 $Q$ 与 $\overline{Q}$ 的状态应该逻辑相反的要求。当负脉冲除去后,触发器将由各种偶然因素决定其最终状态。这种情况在使用中禁止出现。

从上可知,基本 RS 触发器有两个状态,可以直接置位或复位,并具有存储和记忆的功能。基本 RS 触发器的功能表如表 10-20 所示。

表 10-20 基本 RS 触发器的功能表

| $R$ | $S$ | $Q$ | $\overline{Q}$ |
| --- | --- | --- | --- |
| 0 | 0 | 不定 | 不定 |
| 0 | 1 | 1 | 0 |
| 1 | 0 | 0 | 1 |
| 1 | 1 | 保持 | 保持 |

约束条件如式(10-15)所示:

$$R+S=1 \tag{10-15}$$

由于基本 RS 触发器的输出状态受输入状态直接控制,使其应用受到限制。在实际应用中,往往会同时使用多个触发器,并且要求触发器按一定的时间节拍动作,即输入信号受到时钟脉冲(CP)的控制,这种触发器称为钟控触发器,其输出信号由时钟脉冲和输入信号同时控制。钟控触发器按触发模式分为电平触发和脉冲边沿触发。

2) 钟控 RS 触发器

时钟控制的触发器的逻辑电路图和图形符号如图 10-53 所示。该触发器由 4 个与非门构成,$G_1$ 和 $G_2$ 组成基本的 RS 触发器,$G_3$ 和 $G_4$ 组成控制电路。

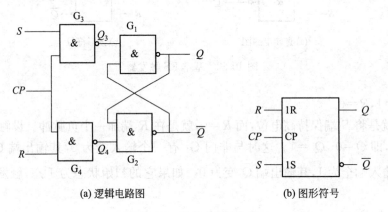

(a) 逻辑电路图　　　　(b) 图形符号

图 10-53 钟控 RS 触发器

工作原理如下。

当 $CP=0$ 时,$R$ 和 $S$ 的信号被封锁,$Q_3$ 和 $Q_4$ 为 1,$Q$ 和 $\overline{Q}$ 保持不变。

当 $CP=1$ 时,触发器和基本 RS 触发器的工作原理相同,这里不再叙述。该钟控 RS 触发器由高电平触发,也有由低电平触发的触发器。

钟控 RS 触发器的功能表如表 10-21 所示。表中,

表 10-21 钟控 RS 触发器的功能表

| $R$ | $S$ | $Q^{n+1}$ |
| --- | --- | --- |
| 0 | 0 | $Q^n$ |
| 0 | 1 | 1 |
| 1 | 0 | 0 |
| 1 | 1 | 不定 |

$Q^n$ 为现态,表示 $CP$ 作用前触发器的状态;$Q^{n+1}$ 为次态,表示 $CP$ 作用后触发器的状态。

约束条件如式(10-16)所示:

$$RS=0 \tag{10-16}$$

**例 10-12** 钟控 RS 触发器的 $R$、$S$ 和 $CP$ 信号如图 10-54 所示,触发器的原始状态为 0,$CP$ 高电平有效,画出 $Q$ 和 $\overline{Q}$ 的波形图。

**解**:根据钟控 RS 触发器的功能表,可得 $Q$ 和 $\overline{Q}$ 波形如图 10-54 所示。

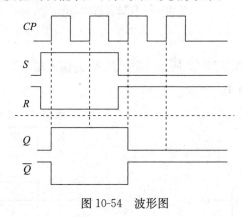

图 10-54　波形图

**2. 边沿控制的触发器**

以上所述为电平控制的触发器,除此之外,还有由时钟脉冲边沿触发的触发器,分为上升沿触发的触发器和下降沿触发的触发器,按逻辑功能分有 D 触发器、JK 触发器和 T 触发器等。触发器的功能可以用逻辑电路图表示,也可以用特性方程、特性表、状态表和波形图表示。

1) D 触发器

D 触发器只有一个输入端,其图形符号如图 10-55 所示。由图 10-55 可知,$D$ 为数据输入端口,$CP$ 为时钟控制信号,上升沿触发,如果为 $\overline{CP}$,则是下降沿有效。

当 $CP$ 上升沿时,触发器的逻辑状态如表 10-22 所示。

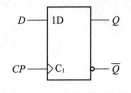

图 10-55　D 触发器图形符号

表 10-22　D 触发器的逻辑状态表

| $D$ | $Q^n$ | $Q^{n+1}$ |
|---|---|---|
| 0 | 0 | 0 |
| 0 | 1 | 0 |
| 1 | 0 | 1 |
| 1 | 1 | 1 |

由表 10-22 可得 D 触发器的函数表达式,即特性方程如式(10-17)所示:

$$Q^{n+1}=D\overline{Q^n}+DQ^n=D \tag{10-17}$$

也可以根据状态表画出其在 $CP$ 有效情况下的状态图,如图 10-56 所示。

由状态表、特性方程和状态图都可看出,当 $D=0$ 时,D 触发器的下一个状态将被置 0($Q^{n+1}=0$);当 $D=1$ 时,D 触发器的下一个状态将被置 1($Q^{n+1}=1$);在时钟脉冲的两个触发沿之间,触发器的状态保持不变,即存储一个二进制位。

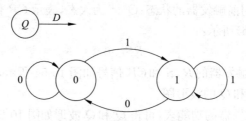

图 10-56　D 触发器状态图

2) JK 触发器

JK 触发器电路符号如图 10-57 所示，图中 $J$、$K$ 为输入端，$CP$ 为时钟输入端，上升沿有效，其状态表如表 10-23 所示。

表 10-23　JK 触发器状态表

| $J$ | $K$ | $Q^n$ | $Q^{n+1}$ | 说　明 |
|---|---|---|---|---|
| 0 | 0 | 0 | 0 | 状态不变 |
| 0 | 0 | 1 | 1 | |
| 0 | 1 | 0 | 0 | 置 0 |
| 0 | 1 | 1 | 0 | |
| 1 | 0 | 0 | 1 | 置 1 |
| 1 | 0 | 1 | 1 | |
| 1 | 1 | 0 | 1 | 翻转 |
| 1 | 1 | 1 | 0 | |

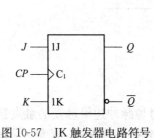

图 10-57　JK 触发器电路符号

由表可得 JK 触发器的函数表达式，即特性方程如式(10-18)所示：

$$Q^{n+1} = \overline{J}\,\overline{K}Q^n + J\overline{K}\,\overline{Q^n} + J\overline{K}Q^n + JK\overline{Q^n} = J\overline{Q^n} + \overline{K}Q^n \tag{10-18}$$

也可以根据状态表画出其在 $CP$ 有效情况下的状态图，如图 10-58 所示。

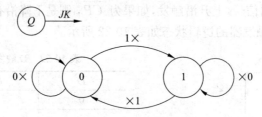

图 10-58　JK 触发器状态图

由状态表、特性方程和状态图都可看出，当 $J=0$, $K=0$ 时，触发器状态保持不变 ($Q^{n+1} = Q^n$)，即存储一个二进制位；当 $J=0$, $K=1$ 时，JK 触发器的下一个状态将被置 0 ($Q^{n+1} = 0$)；当 $J=1$, $K=0$ 时，JK 触发器的下一个状态将被置 1 ($Q^{n+1} = 1$)；当 $J=1$, $K=1$ 时，JK 触发器的下一个状态将被翻转 ($Q^{n+1} = \overline{Q^n}$)。

**例 10-13**　设下降沿触发的 JK 触发器时钟脉冲和 $J$、$K$ 信号的波形如图 10-59 所示，试画出输出端 $Q$ 的波形。设触发器的初始状态为 0。

**解**：根据 JK 的状态表、特性方程或状态图可画出 $Q$ 随 $J$、$K$ 变换的波形图。

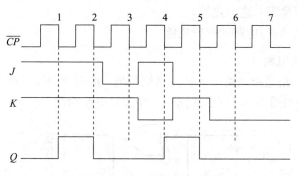

图 10-59 JK 触发器波形图

3) T 触发器

T 触发器的电路符号如图 10-60 所示。图中，$T$ 为输入端；$CP$ 为时钟信号。其状态表如表 10-24 所示。

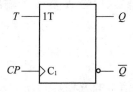

图 10-60 T 触发器的电路符号

表 10-24 T 触发器状态表

| $T$ | $Q^n$ | $Q^{n+1}$ |
|---|---|---|
| 0 | 0 | 0 |
| 0 | 1 | 1 |
| 1 | 0 | 1 |
| 1 | 1 | 0 |

由表 10-24 可得 T 触发器的函数表达式，即特性方程如式(10-19)所示：

$$Q^{n+1} = T\overline{Q^n} + \overline{T}Q^n \tag{10-19}$$

也可以根据状态表画出其在 $CP$ 有效情况下的状态图，如图 10-61 所示。

由状态表、特性方程和状态图都可看出，当 $T=0$ 时，触发器状态保持不变($Q^{n+1} = Q^n$)，即存储一个二进制位；当 $T=1$ 时，T 触发器的下一个状态将被翻转($Q^{n+1} = \overline{Q^n}$)。

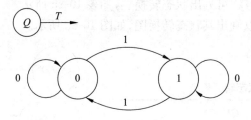

图 10-61 T 触发器状态图

## 10.5.2 时序逻辑电路分析

时序逻辑电路的分析就是根据给定的时序逻辑电路，通过分析其状态和输出信号在输入变量和时钟作用下的转换规律，得出电路所实现功能的过程。时序逻辑电路分析的一般步骤如下：

(1) 写出各类方程，包括输出方程、激励方程和状态方程。

(2) 列出状态转换表并进行化简。

(3) 画出状态图,确定电路的逻辑功能。

**1. 同步时序逻辑电路**

同步时序逻辑电路是指电路中的触发器使用统一的时钟触发,同时动作。

**例 10-14** 分析如图 10-62 所示的同步时序逻辑电路功能。

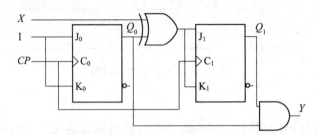

图 10-62 同步时序逻辑电路分析

**解**:由图 10-62 可知,该电路由两个 JK 触发器、1 个输入信号 $X$ 和 1 个输出信号 $Y$ 组成。根据逻辑电路列出各方程如下。

输出方程:
$$Y = Q_1 Q_0$$

两个 JK 触发器的激励方程(激励方程为触发器输入信号的方程):
$$J_0 = K_0 = 1$$
$$J_1 = K_1 = X \oplus Q_0$$

根据 JK 触发器的特性方程 $Q^{n+1} = J\overline{Q^n} + \overline{K}Q^n$,把两个触发器的激励信号代入特性方程,得状态方程:

$$Q_0^{n+1} = 1 \cdot \overline{Q_0^n} + \overline{1} Q_0^n = \overline{Q_0^n}$$
$$Q_1^{n+1} = (X \oplus Q_0^n)\overline{Q_1^n} + \overline{(X \oplus Q_0^n)}Q_1^n = X \oplus Q_0^n \oplus Q_1^n$$

由状态方程和输出方程可列出状态转换表,如表 10-25 所示。

根据状态转换表可以画出其状态转换图,如图 10-63 所示。

表 10-25 状态转换表

| $Q_1^n Q_0^n$ | $Q_1^{n+1} Q_0^{n+1}/Y$ | |
|---|---|---|
| | $X = 0$ | $X = 1$ |
| 0  0 | 0  1/0 | 1  1/0 |
| 0  1 | 1  0/0 | 0  0/0 |
| 1  0 | 1  1/0 | 0  1/0 |
| 1  1 | 0  0/1 | 1  0/1 |

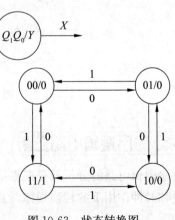

图 10-63 状态转换图

由转换表或状态图可知,当 $X=0$ 时,对脉冲进行加法计数;当 $X=1$ 时,对脉冲进行减法计数,因此该电路的功能为可逆的两位二进制加、减法计数器。

### 2. 异步时序逻辑电路

异步时序逻辑电路与同步时序逻辑电路不同,因为其触发器的时钟不统一,因此在时钟信号有效的情况下,触发器依次进行动作,如图 10-64 所示,该电路是异步时序逻辑电路,$T_0$ 的时钟为外部时钟 $CP$,$T_1$ 的时钟由 $T_0$ 的输出 $Q_0$ 提供。触发器的工作过程是当 $CP$ 有效(下降沿)时,$T_0$ 先动作,然后判断 $T_0$ 动作前后,$Q_0$ 有没有从 1 到 0 的跳变。如果有,$T_1$ 动作;否则,$T_1$ 无有效时钟信号,为保持状态。

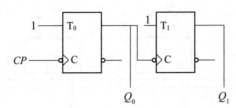

图 10-64 异步时序逻辑电路

## 10.5.3 常用典型时序逻辑电路

在数字系统中,比较典型的时序逻辑电路有计数器和寄存器,它们是构成时序逻辑电路的基本逻辑单元,可以直接用于构成简单的数字系统,也可以与各种组合电路一起构成较复杂的数字系统。

### 1. 寄存器

在数字电路系统工作过程中,把正在处理的二进制数据或代码暂时存储起来的操作叫作寄存,在数字系统中用来存储代码或数据的逻辑部件叫寄存器。它的主要组成部分是触发器。一个触发器能存储 1 位二进制代码,存储 $n$ 位二进制代码的寄存器需要用 $n$ 个触发器组成。寄存器实际上是若干触发器的集合。寄存器是一种最基本的时序逻辑电路,在各种数字电路系统中几乎无所不在,使用非常广泛。常用的集成电路寄存器按能够寄存数据的位数来命名,如 4 位寄存器、8 位寄存器、16 位寄存器等;按寄存器的功能可分为数据寄存器和移位寄存器。

1) 数据寄存器

数据寄存器具有暂时存放数据的功能,可以根据需要随时把数据写入或读出。图 10-65 所示为由 D 触发器构成的基本数据寄存器。

无论寄存器中原来的内容是什么,只要控制时钟脉冲 $CP$ 上升沿到来,加在并行数据输入端的数据 $D_3 \sim D_0$ 就立即被送入寄存器中,即有 $Q_3Q_2Q_1Q_0 = D_3D_2D_1D_0$。

在基本数据寄存器的基础上,还可以加上复位信号,如图 10-66 所示。

图中,$\overline{CR}$ 是复位信号,当 $\overline{CR}=0$ 时,$Q_3Q_2Q_1Q_0=0000$;当 $\overline{CR}=1$,且 $CP$ 为上升沿时,$Q_3Q_2Q_1Q_0=D_3D_2D_1D_0$。其他情况下,$Q_3Q_2Q_1Q_0$ 的值保持不变。这类寄存器的工作方法是并入/并出的。

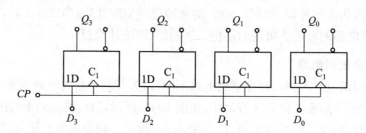

图 10-65  基本数据寄存器

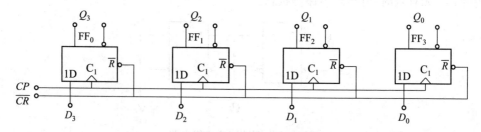

图 10-66  带复位的数据寄存器

2）移位寄存器

移位寄存器是一种在脉冲控制下数据可以单向从高位移动到低位，或者从低位移动到高位，或者可以实现双向移位的寄存器。这类寄存器不仅具有数据寄存器的功能，还具有移位功能。移位寄存器的工作方式由很多种，既可能有并入/并出、串入/串出、串入/并出方式，也可能有并入/串出方式。图 10-67 所示为单向移位寄存器。

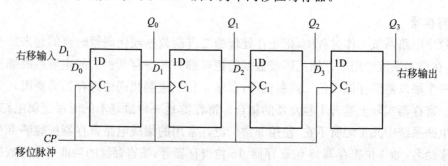

图 10-67  单向移位寄存器

在图 10-67 所示电路中，当 $CP$ 为上升沿有效时，串行输入数据 $D_I$ 逐步被移入 $D_0$ 中；同时，数据逐步被右移。其数据移位过程如表 10-26 所示。该寄存器的工作方法是串入/并出方式或串入/串出方式。

以上讨论的是右移寄存器，左移寄存器的构成原理与此相同。除了单向移位寄存器外，还有既可以左移又可以右移的双向移位寄存器。寄存器 74LS194 是一个 4 位的双向移位寄存器。其逻辑符号如图 10-68 所示。其中，$\overline{CR}$ 为清零端，低电平有效；$S_1S_0$ 为功能选择端；$D_{SR}$ 为右移时串行数据输入端；$D_{SL}$ 为左移时串行数据输入端；$D_3$、$D_2$、$D_1$、$D_0$ 为并行置数端；$Q_3$、$Q_2$、$Q_1$、$Q_0$ 为并行数据输出端。其功能表如表 10-27 所示。

表 10-26  数据移位过程表

| 移位脉冲 | 输入数据 | 移位寄存器中的数 | | | |
|---|---|---|---|---|---|
| | | $Q_0$ | $Q_1$ | $Q_2$ | $Q_3$ |
| 0 | | 0 | 0 | 0 | 0 |
| 1 | 1 | 1 | 0 | 0 | 0 |
| 2 | 0 | 0 | 1 | 0 | 0 |
| 3 | 1 | 1 | 0 | 1 | 0 |
| 4 | 1 | 1 | 1 | 0 | 1 |

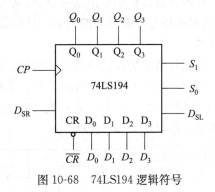

图 10-68  74LS194 逻辑符号

表 10-27  74LS194 功能表

| 输入 | | | | | | | | | | 输出 | | | | 说明 |
|---|---|---|---|---|---|---|---|---|---|---|---|---|---|---|
| $\overline{CR}$ | $S_1$ | $S_0$ | $CP$ | $D_{SL}$ | $D_{SR}$ | $D_0$ | $D_1$ | $D_2$ | $D_3$ | $Q_0$ | $Q_1$ | $Q_2$ | $Q_3$ | |
| 0 | × | × | × | × | × | × | × | × | × | 0 | 0 | 0 | 0 | 置零 |
| 1 | × | × | 0 | × | × | × | × | × | × | 保持 | | | | |
| 1 | 1 | 1 | ↑ | × | × | $D_0$ | $D_1$ | $D_2$ | $D_3$ | $D_0$ | $D_1$ | $D_2$ | $D_3$ | 并行置数 |
| 1 | 0 | 1 | ↑ | × | 1 | × | × | × | × | 1 | $Q_0$ | $Q_1$ | $Q_2$ | 右移输入 1 |
| 1 | 0 | 1 | ↑ | × | 0 | × | × | × | × | 0 | $Q_0$ | $Q_1$ | $Q_2$ | 右移输入 0 |
| 1 | 1 | 0 | ↑ | 1 | × | × | × | × | × | $Q_1$ | $Q_2$ | $Q_3$ | 1 | 左移输入 1 |
| 1 | 1 | 0 | ↑ | 0 | × | × | × | × | × | $Q_1$ | $Q_2$ | $Q_3$ | 0 | 左移输入 0 |
| 1 | 0 | 0 | × | × | × | × | × | × | × | 保持 | | | | |

可得 74LS194 的逻辑功能如下。

(1) 清零信号 $\overline{CR}=0$,则 $Q_3Q_2Q_1Q_0=0000$。

(2) 清零信号 $\overline{CR}=1$,$S_1S_0=01$ 时,右移操作。

(3) 清零信号 $\overline{CR}=1$,$S_1S_0=10$ 时,左移操作。

(4) 清零信号 $\overline{CR}=1$,$S_1S_0=11$ 时,并行置数操作。

其他情况下,寄存器是保持状态,即存储状态。

该寄存器可以工作在串入/并出、并入/并出工作方式。

### 2. 计数器

计数器在数字系统中主要是对脉冲的个数进行计数,以实现计数和定时的功能,同时兼有分频功能、产生节拍脉冲等。计数器由基本的计数单元和一些控制门所组成,计数单元则由一系列具有存储信息功能的各类触发器构成。计数器在数字系统中应用广泛,如在电子计算机的控制器中对指令地址进行计数,以便顺序取出下一条指令,在运算器中作乘法、除法运算时记下加法、减法次数;又如在数字仪器中对脉冲计数或对周期性脉冲进行计数,达到定时的功能等。

按照计数器中的触发器时钟是否统一分类,可将计数器分为同步计数器和异步计数器两种。

按照计数过程中数值增减分类,又可将计数器分为加法计数器、减法计数器和可逆计数器,随时钟信号不断增加的为加法计数器,不断减少的为减法计数器,可增可减的叫作可逆计数器。

按照计数器的计数进制分,把计数器分为二进制计数器、十进制计数器等。

图 10-69 所示电路为四位异步二进制计数器。该计数器由 4 个 T 触发器构成,R 为复位端口(清 0 端,高电平有效),当 $\overline{CP}$ 为下降沿,计数器进行加法计数,在输入脉冲作用下,其输出波形如图 10-70 所示。

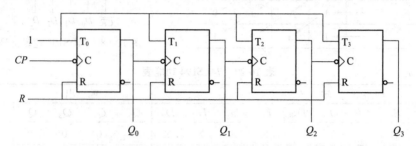

图 10-69　四位异步二进制计数器

从图 10-69 可知,计数器的每位输出波形与 $\overline{CP}$ 的关系如式(10-20)、式(10-21)所示：

$$f_{Q_0} = \frac{1}{2} f_{cp} \quad (二分频) \tag{10-20}$$

$$f_{Q_1} = \frac{1}{4} f_{cp} \quad (四分频) \tag{10-21}$$

以此类推,$Q_3$ 为八分频,$Q_4$ 为十六分频。

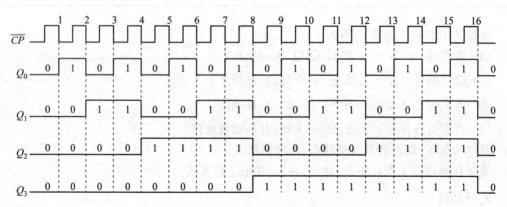

图 10-70　脉冲计数输出波形

中规模集成计数器的种类繁多,下面以 74LS161 为例进行介绍。

74LS161 为 4 位同步二进制加法计数器,其逻辑符号如图 10-71 所示,功能表如表 10-28 所示。图中,$\overline{CR}$ 为复位信号,低电平有效。由功能表可知,当清 0 端 $\overline{CR}=0$ 时,$Q_3Q_2Q_1Q_0=0000$；$\overline{CR}=1$,置数端 $\overline{PE}=0$,且 $CP$ 有上升沿脉冲时,$Q_3Q_2Q_1Q_0=D_3D_2D_1D_0$,其中 $D_3D_2D_1D_0$ 为预置数端；当 $\overline{CR}=1,\overline{PE}=1$,但使能端 $P$ 和 $T$ 至少有一个为 0 时,计数器为保持状态；当 $\overline{CR}=1,\overline{PE}=1$,且 $P=1,T=1$ 时,$CP$ 每个上升沿,计数

器计数一次,计数器的 $Q_3Q_2Q_1Q_0$ 依次循环从 0000 变化到 1111,又变化到 0000,同时进位端 $TC$ 输出 1。在第 17 个脉冲时,又重新开始计数,因此,74LS17461 为十六进制计数器。其他进制的计数器,如十进制计数器就是 10 个脉冲循环一次。除了已有的计数器外,也可以用已有的计数器构成不同进制的计数器。如可以用 74LS161 构成任意 $N$ 进制计数器,当 $N<16$ 时,可以用一片 74LS161 构成,$N>16$ 可以用两片或更多片进行扩展。

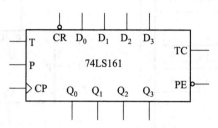

图 10-71　74LS161 逻辑符号

表 10-28　74LS161 功能表

| 输入 | | | | | | | | | 输出 | | | | |
|---|---|---|---|---|---|---|---|---|---|---|---|---|---|
| 清零 | 预置 | 使能 | | 时钟 | 预置数据输入 | | | | 计数 | | | | |
| $\overline{CR}$ | $\overline{PE}$ | $P$ | $T$ | $CP$ | $D_3$ | $D_2$ | $D_1$ | $D_0$ | $Q_3$ | $Q_2$ | $Q_1$ | $Q_0$ | TC |
| L | × | × | × | × | × | × | × | × | L | L | L | L | 0 |
| H | L | × | × | ↑ | $D_3$ | $D_2$ | $D_1$ | $D_0$ | $D_3$ | $D_2$ | $D_1$ | $D_0$ | |
| H | H | L | × | × | × | × | × | × | 保　持 | | | | |
| H | H | × | L | × | × | × | × | × | 保　持 | | | | |
| H | H | H | H | ↑ | × | × | × | × | 计　数 | | | | |

**例 10-15**　用 74LS161 构成十二进制计数器。

**解**:由于 $N<16$,因此可以用一片 74LS161 构成十二进制计数器。74LS161 有 16 种状态,因此要跳过 $16-14=4$(种)状态。根据 74LS161 的特点,可以使用反馈清零法和反馈置数法实现。

(1) 反馈清零法。反馈清零法利用异步清零输入端在 $M$ 进制计数器的计数过程中跳过 $(M-N)$ 个状态,得到 $N$ 进制计数器的方法。

由表 10-29 可知,计数到第 12 个脉冲,根据此时 $Q_3Q_2Q_1Q_0=1100$ 的状态和此前状态的区别,得到复位清零信号,电路如图 10-72 所示,此时 $\overline{CR}=\overline{Q_3Q_2}=0$(其他状态 $\overline{CR}=\overline{Q_3Q_2}=1$),在 $\overline{CR}$ 信号的作用下,当第 12 个脉冲完成复位清零,此时 $Q_3Q_2Q_1Q_0$ 由 1100 变成 0000。第 13 个脉冲计数器从 0000 开始重新计数。

(2) 反馈置数法。反馈置数法利用同步置数端在 $M$ 进制计数器的计数过程中跳过 $(M-N)$ 个状态,得到 $N$ 进制计数器的方法。由表 10-30 可知,计数到第 11 个脉冲,根据此时 $Q_3Q_2Q_1Q_0=1011$ 的状态和此前状态的区别得到置位信号,电路如图 10-73 所示,此时 $\overline{PE}=\overline{Q_3Q_1Q_0}=0$(其他状态 $\overline{PE}=\overline{Q_3Q_1Q_0}=1$),在 $\overline{PE}$ 信号的作用下,当第 12 个脉冲完成置位,此时 $Q_3Q_2Q_1Q_0$ 由 1011 变成 $D_3D_2D_1D_0=0000$。第 13 个脉冲计数器从 0000 开始重新计数。

表 10-29 反馈清零法数据表

| CP | $Q_3$ | $Q_2$ | $Q_1$ | $Q_0$ |
|---|---|---|---|---|
| 0 | 0 | 0 | 0 | 0 |
| 1 | 0 | 0 | 0 | 1 |
| 2 | 0 | 0 | 1 | 0 |
| ⋮ | | ⋮ | | |
| 11 | 1 | 0 | 1 | 1 |
| 12 | 1 | 1 | 0 | 0 |
| ⋮ | | ⋮ | | |
| 15 | 1 | 1 | 1 | 1 |

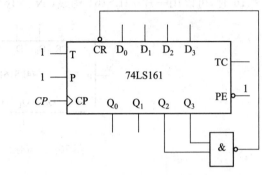

图 10-72 反馈清零法

表 10-30 反馈置数法数据表

| CP | $Q_3$ | $Q_2$ | $Q_1$ | $Q_0$ |
|---|---|---|---|---|
| 0 | 0 | 0 | 0 | 0 |
| 1 | 0 | 0 | 0 | 1 |
| 2 | 0 | 0 | 1 | 0 |
| ⋮ | | ⋮ | | |
| 11 | 1 | 0 | 1 | 1 |
| 12 | 1 | 1 | 0 | 0 |
| ⋮ | | ⋮ | | |
| 15 | 1 | 1 | 1 | 1 |

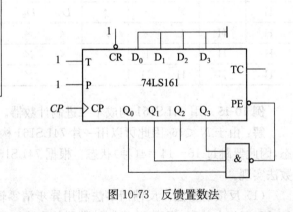

图 10-73 反馈置数法

如果要用 74LS161 构成 $N>16$ 的计数器,则可以用多片 74LS161 构成,图 10-74 所示为由两片 74LS161 构成的 $16×16=256$ 进制计数器。

# 习 题

**10-1** 将下列二进制数转为等值的十六进制数和等值的十进制数。
(1)$(10010110)_2$;(2)$(1101100)_2$;(3)$(0.01011111)_2$;(4)$(11.001)_2$

**10-2** 若下面和项的值为 0,试写出该和项中每个逻辑变量的取值。
(1) $A+B$;(2) $\overline{A}+B+\overline{C}$

**10-3** 写出下面逻辑图 10-75 的逻辑函数式。

**10-4** 试证明如下逻辑函数等式。

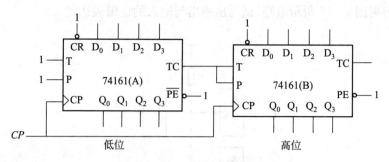

图 10-74  256 进制计数器扩展

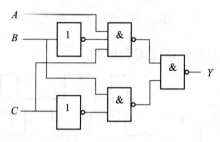

图 10-75  习题 10-3 图

(1) $A\overline{B} + A\overline{B}C = A\overline{B}$

(2) $A(BC + BC) + AC = A(BC) + AC$

**10-5** 对下列逻辑函数式进行反演变换。

(1) $L = \overline{A + B}$;  (2) $L = \overline{\overline{AB}(C + \overline{D})}$

**10-6** 将下列各函数式化为最小项之和的形式。

(1) $L = \overline{A}BC + AC$

(2) $L = A\overline{B}CD + BCD + \overline{A}D$

**10-7** 用卡诺图化简法将下列函数化为最简与或形式。

(1) $L = A\overline{B} + \overline{A}C + BC + \overline{C}D$

(2) $L(A,B,C,D) = \sum m(0,1,2,5,6,7)$

**10-8** 在图 10-76 所示的 TTL 门电路中,输入端 1、2、3 为多余输入端,试问哪些接法是正确的?

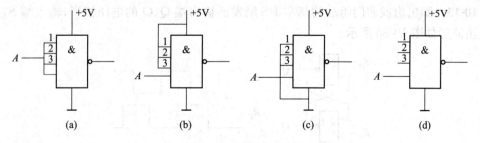

图 10-76  习题 10-8 图

**10-9** 根据图 10-77 所示电路，试写出输出与输入的逻辑表达式。

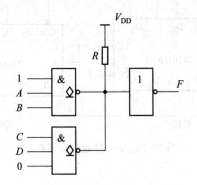

图 10-77 习题 10-9 图

**10-10** 画出图 10-78 所示三态门的输出波形。

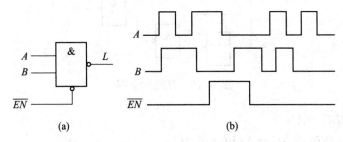

图 10-78 习题 10-10 图

**10-11** 组合电路如图 10-79 所示，分析该电路的逻辑功能。

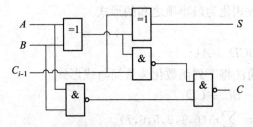

图 10-79 习题 10-11 的电路图

**10-12** 试用 74LS151 实现逻辑函数：$Y = A + BC$。

**10-13** 画出由或非门组成的基本 RS 触发器输出端 $Q$、$\overline{Q}$ 的电压波形，输入端 $S_D$、$R_D$ 的电压波形如图 10-80 所示。

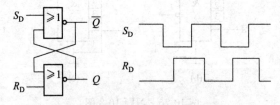

图 10-80 习题 10-13 的电路图

**10-14** 设 D 触发器原状态为 0 态，试画出图 10-81 所示的 $CP$、$D$ 输入波形激励下的输出波形。

**10-15** 试画出用 2 片 74LS194 组成 8 位双向移位寄存器的逻辑图。

**10-16** 分析图 10-82 所示的计数器电路，画出电路的状态转换图，说明这是多少进制的计数器。

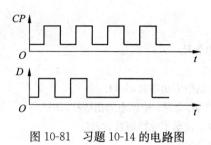
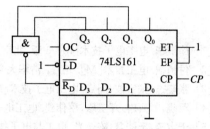

图 10-81 习题 10-14 的电路图　　　图 10-82 习题 10-16 的电路图

# 参考文献

[1] 徐淑华.电工电子技术[M].3版.北京:电子工业出版社,2013.
[2] 付植桐.电工技术[M].北京:清华大学出版社,2001.
[3] 张晓杰,张宇波,周焱.电工电子技术[M].北京:中国电力出版社,2011.
[4] 瞿晓,刘西琳,郑玉珍,蔡伟建.电工电子技术[M].2版.北京:中国电力出版社,2011.
[5] 于宝琦,于桂君,陈亚光.电工与电子技术[M].北京:化学工业出版社,2017.
[6] 陈斗.电工与电子技术[M].北京:化学工业出版社,2010.